京都美食ABC

《商業周刊》美食作家
吳燕玲（胖狗）◎著

目錄

丸山

自序

吃，認識京都的另一條捷徑

第一次遊京都，走在南禪寺的林蔭步道上，看到一小門前掛著一個白燈籠，原來，這裡是「奧丹」啊！

走了進去，人雖多，卻不嘈雜；盤腿坐在榻榻米上，吃完了胡麻豆腐、山藥泥、木之芽豆腐田樂、野菜天婦羅與一土鍋的湯豆腐；這……就是京都豆腐的滋味嗎？

花了相當於新台幣一千多元，為了吃幾塊飄在昆布水中的湯豆腐，坦白說，很飽，卻無感！「奧丹」，是京都最古老的湯豆腐名店，擁有三百多年的歷史，用的是滋賀縣比良地方出產的無農藥大豆與地下水，做出來的豆腐全日本都讚不絕口，唯獨我，一點都不覺得好吃，還嫌太貴。

莫非是我不懂京都的風雅，嚐不出豆腐的真滋味？

吃，原來是需要學習的。

我們常以為我們懂日本料理，許多東西由中國傳入，又以米飯為主食，總覺得日本料理很熟悉，但其實我們是陌生的，因為這些東西融入了日本的風土文化以後，已自成一套體系；京料理中講究的「薄味」，就從來不曾出現在中華料理的食譜上。

每個人都有自己喜歡京都的角度，對我來說，吃，卻是一條了解京都的捷徑。江戶後期的文人大田南畝，在他的隨筆《一話一言》中有一段狂歌，裡頭用了幾個詞來表述京都的特徵：「水、水菜、女、染物、みすや針（竹簾和針）、御寺、豆腐煮、鰻鱧、松茸」，九個詞彙中有五個和食物有關，我們迷戀京都，想更親近京都，又怎能不好好地品嚐京都呢？

當我開始試著從「食」來了解日本、了解京都，發現它實在很精采。

鯖魚壽司，是古人為防止鯖魚腐壞才碰撞出來的美味；三百多年的生麩老鋪，祖傳至寶不是食譜祕笈，而是「先義後利、不易流行」的家訓；和服腰帶商開餐廳，推廣的竟然是朝鮮文化；京都的和菓子老鋪，可以改頭換面開起咖啡館，也可以聯手出擊研發新品，只為不被時代的潮流吞噬。

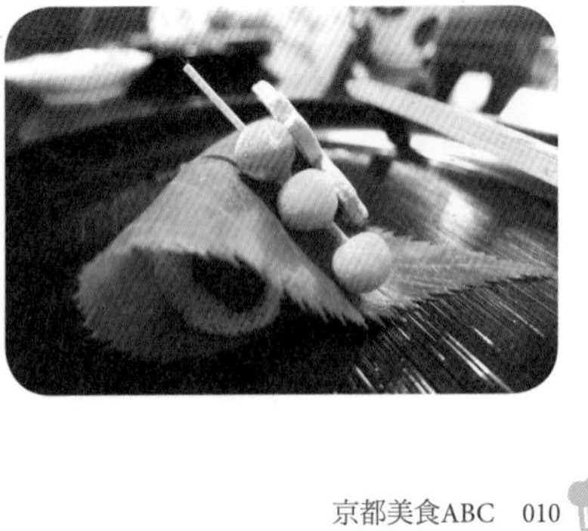

京都的料理人，從茶道、花道、書畫中淬煉，期許自己守護傳統，又能打開心胸接受外來事物，即便置身在看來毫無關係的法式甜點屋，卻依然能強烈感受到京都職人的堅毅。

難怪京都自古以來，就是日本料理味覺的中心；江戶地區的人把京都稱為「上方」，認為來自「上方」的東西，總是特別高級、特別美味，京都的美食世界，背後總有許多動人的故事，每當我多了解一些，就覺得，自己又多愛上了京都一些。

在我身體力行以「吃」來「遊」京都時，也意外發現了許多樂趣。

比方說，京都兩大傳統建築——「數寄屋」與「町家」，當他們變成餐廳以後，似乎還是悄悄地遵循著古代社會階級的軌跡。數寄屋是茶室的建築樣式，古代能擁有茶室的，必是具有身分地位之人，許多王公貴族的別墅，也喜歡用數寄屋建築，當數寄屋化身為現代餐廳時，多半是高檔的料亭；反觀，屬於平民百姓的町家，常是誰都能消費得起的甘味處與咖啡館。

也因為專程去吃，我常意外地走進了以前從沒注意到的地方。像建仁寺，之前去京都，花見小路走了不知多少遍，卻從沒走進就在盡頭的建仁寺；像龜山公園，如果不是為了找餐廳，我恐怕也不會發現，這裡原來是個人潮稀少的賞櫻地。京都，就是這樣，只要稍稍不留意，就會錯過它的美麗，也因此，我在分享每一家餐廳時，也加了「飯後散散步」這個小單元。

有些人強調，要吃道地的料理，應該去找「在地人吃的店」，排斥所謂「觀光客去的店」，當我實行我的「食．遊京都」時，我並不刻意去區分它；京都的老鋪，本來就是京都重要的觀光資產，有些吸引觀光客的人數，遠比在地人還多，難道這些老鋪就不是道地的「京之味」？「在地人吃的店」也好，「觀光客去的店」也罷，對我來說，只有好吃最重要。

然而，即使僅僅以「吃」的角度，來認識京都，也覺得那是一門很深的功課，京都美食世界裡的寬廣與深邃，總讓我覺得自己像是個永遠畢不了業的學生。

京都，真的是永遠玩不完，也永遠吃不完啊！

註：本書餐廳基本資料所列的價格，為二〇一四年七月之價錢，其後可能有所變化，僅提供參考。

A

華麗料理

華美細緻的京料理，再貴也要吃一次

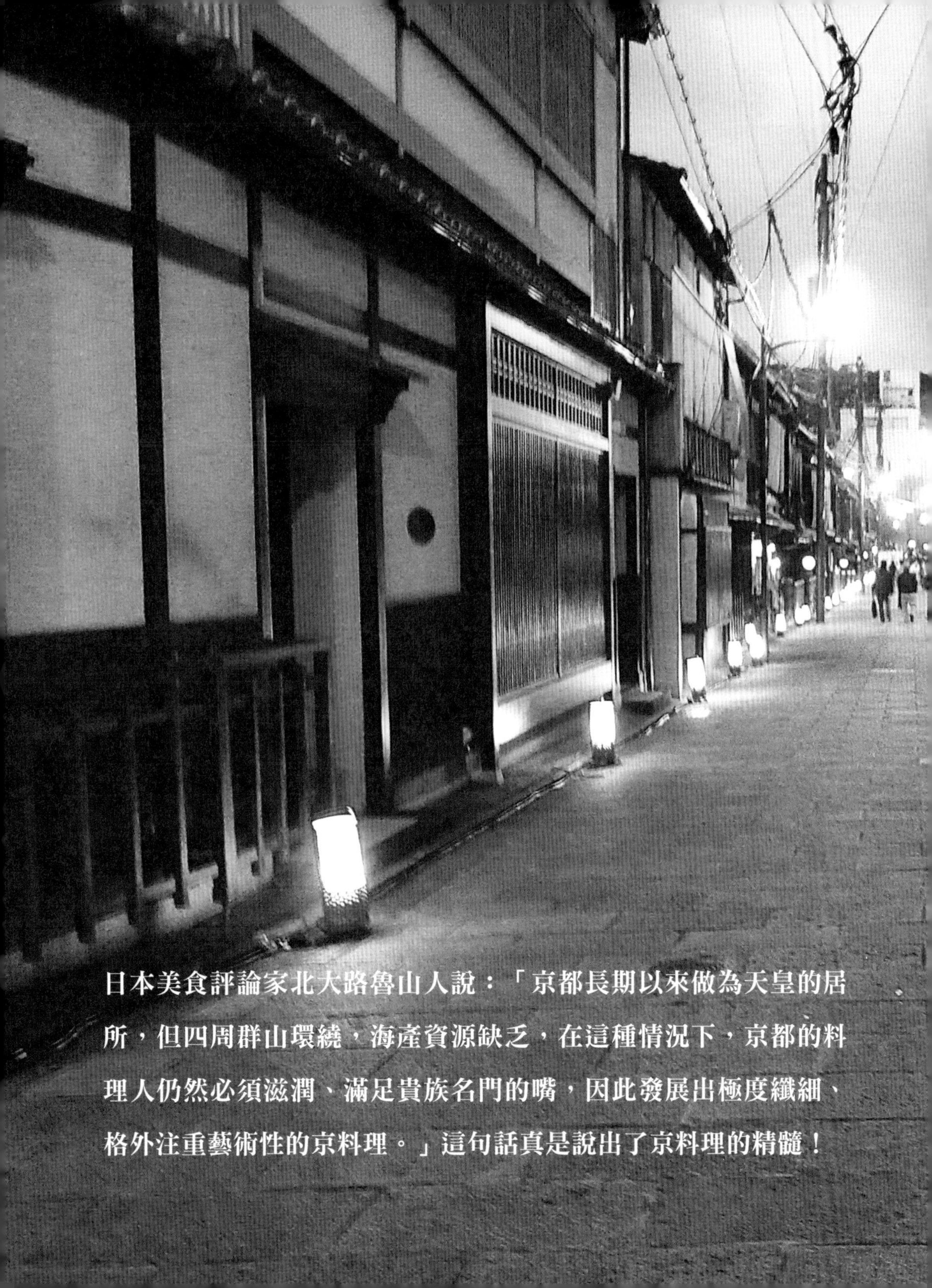

日本美食評論家北大路魯山人說：「京都長期以來做為天皇的居所，但四周群山環繞，海產資源缺乏，在這種情況下，京都的料理人仍然必須滋潤、滿足貴族名門的嘴，因此發展出極度纖細、格外注重藝術性的京料理。」這句話真是說出了京料理的精髓！

京都料亭用的鯛魚不能太大，春天多是櫻鯛

京料理不只好吃，連盤飾都充滿藝術氣息

魯山人影響日本料理美學至鉅，他對京料理的評析極為精闢

這一籃京筍要價日幣三萬元

出生於京都，影響日本料理美學至鉅的北大路魯山人，曾經在他的《魯山人藝術論集》說過這樣一段話：

「京都長期以來做為天皇的居所，但四周群山環繞，海產資源缺乏，在這種情況下，京都的料理人仍然必須滋潤、滿足貴族名門的嘴，因此發展出極度纖細、格外注重藝術性的京料理。」

這句話真是說出了京料理的精髓！

京都的料理從不以帝王蟹、跳舞鮑、伊勢龍蝦等豪華的海鮮來吸引饕客，反而以豆腐、京野菜、麩、和菓子……等看起來不怎麼稀奇的食材為主角；講到漁產，常見的也只有春天的鯛魚、初夏的香魚與盛夏的鱧魚。時至今日，京料理雖已不侷限於在地的食材，但是「京之味」，仍然是日本人心目中美味的原點。

「京之味」由京都的老鋪、料亭代代傳承至今，在京都，超過百年的老鋪、料亭比比皆是，密度之高，居全日本之冠。古時食材取得不易，京都的料理人養成對食材珍而重之的習慣，對待一根蔥，也要想辦法演繹它的美味；且京都寺院眾多，精進料理非常發達，更重視蔬菜的品質，加上氣候環境有利於蔬菜生長，因此「京野菜」聞名遐邇。

但並非所有京都府生產的蔬菜，都能稱為「京野菜」。一九八七年，京都府為了挽救京野菜瀕臨滅絕的命運，將明治維新以前已出現的三十七種蔬菜訂為「京都傳統野菜」（其中「郡大根」與「東寺蕪」現在已絕種），較知名的有京竹筍、聖護院蕪菁、崛川牛蒡、賀茂茄子、鹿谷南瓜等。

後來為了推廣京都的農林漁產，確保其品質，京都府成立了「京のふるさと產品協會」（京都故鄉產品協會）嚴格篩選品質優良的農漁產品，訂出二十七種「京のブランド產品」（京品牌產品），還對京野菜進行檢定，其中蔬菜類納入了十三種「京都傳統野菜」，另外再加上金時紅蘿蔔、京都小蕪菁、新丹波黑大豆等七種蔬菜豆類；所以嚴格說來，只有那三十七種「京都傳統蔬菜」能稱為「京野菜」，當然也有人把「京品牌產品」中的二十種蔬菜豆類，稱作「京野菜」。

如今，聖護院只遺留門跡，不可能再種蕪菁，崛川通高樓林立，也不見牛蒡蹤影，但從種子的保存到栽種方法，這些農家視為祖傳祕方，代代守護，絕不外傳。

他們在意的，不是商業競爭，而是擔心別人任意配種或改變栽種方法，讓京野菜失去了原味。去過錦市場著名的京野菜老鋪「かね松」的人都知道，他們最討厭觀光客進來摸來摸去，

「松籟庵」是「食べログ」嵐山地區第一名的餐廳

聖護院蕪菁常拿來做成千枚漬

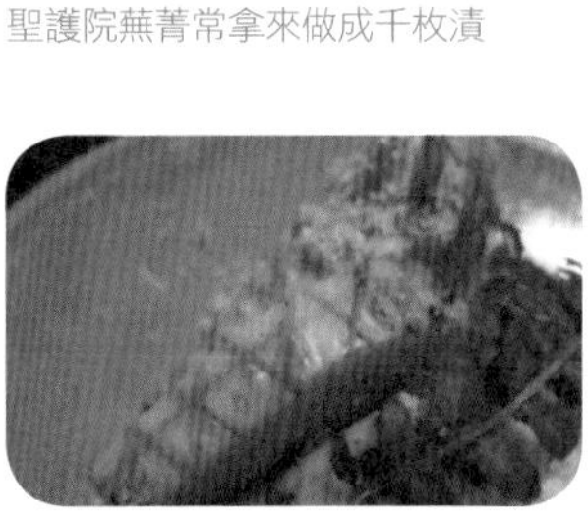
料亭烤京筍，也要呈現美麗的烤紋

右：錦市場的「かね松」是京都著名的京野菜老鋪

左：天皇御所在京都一千二百年，京料理反映出王公貴族的飲食文化

就怕碰壞了那些珍貴的京野菜，甚至連拍照都不准，顯見京都人對京野菜的保護之深。

京野菜比一般有機蔬菜貴得多，我曾經看過一籃三萬日幣的京筍，恐怕只有講究的料亭或高檔法式餐廳，才捨得使用昂貴的京野菜入菜；當我在那些高檔餐廳吃到京野菜時，即使是「京品牌產品」中的金時紅蘿蔔，滋味香甜濃縮，與那些經過不斷改良變成四季皆能生長的紅蘿蔔，味道完全不一樣！

京都長期做為天皇居所，一千兩百年來眾多公家、大名居住於此，因此京料理的文化，其實是王公貴族的飲食文化。

王公貴族不需揮汗勞動，身體不需要太多鹽分，口味自然不喜重鹹而偏好「薄味」，但薄味並非沒有味道，而是在淡雅中有滋味；不但食材超講究（食材不夠好，只能用濃厚的調味來遮掩），烹調手法更馬虎不得，一點小瑕疵都會破壞那份細緻，且薄味不能讓人食之無味，因此特別注重高湯的風味，還要注意味覺的平衡感，對料理人來說，「薄味」比「濃厚」更難表現。

薄味不只是淡雅之味，也是高雅之色。我常覺得，講究的餐廳重視擺盤不是沒有道理的，因為人的心情會影響味覺，眼睛比舌頭更早「吃」到食物，美麗的料理總是讓人心情愉快，還沒入口就覺得它很好吃，京都許多料亭對於料理的呈現，已超越了「美觀」的層次，不但有歷史感，還有藝術性。

比方說，南禪寺附近創業四百年的「瓢亭」，還曾出現在幕末書物「花洛名勝圖繪」上，江戶時期許多在祇園玩到隔日清晨的老爺，想吃點清淡又美味的早餐，造就了瓢亭著名的「朝粥」；就算沒有先人的歷史傳承，像建仁寺後面的「丸山」，主廚丸山嘉櫻不只是料理達人，他還學習茶道，精通花藝、書法、繪畫，「丸山」每道料理都像幅畫，美麗得讓人不忍吃它。

知名的老鋪，各有各的工夫；後起的新秀，能在古都崛起，真要有兩把刷子。位於嵐山的豆腐料理「松籟庵」，女將是書法家小林芙蓉，雖然是用知名老鋪「森嘉」的豆腐，但在吃法、搭配甚至餐廳的空間，皆獨樹一格，難怪會成為「食べログ」嵐山地區票選第一名的餐廳；當我在京都人氣法式餐廳コムシコムサ（comme ci comme ca）吃完滿足度甚高的法式午餐，最後的甜品，表面看來是平凡無奇的奶酪布丁，吃下後竟有股淡淡的櫻花味，當時正是櫻花盛開的季節，法式料理也要染上京都最重視的季節之味。

這些已達藝術層次的京料理，價格甚至比東京的星級餐廳貴，晚餐一個人二、三萬日幣是「常態」，還好許多餐廳會推出特價午餐，也許份量較少、食材較便宜，但精緻與美味並不因此打折扣。所以我的方法是，如果它有特價午餐，我便去吃午餐，如果午、晚餐價差不大，我就選擇晚餐，畢竟晚餐的完整度與驚豔度，還是比較讓人滿足。

京料理是華美之最、纖細之最，要體驗京都的華美細緻，就算再貴，至少也要吃一次！

不會日文，怎麼訂位？

想要一嚐京料理的美味，請務必要預約，因為全世界的觀光客都在和你搶那幾個位子，碰到櫻花季、楓葉季更是一位難求，所以奉勸各位在訂好機票、旅館後，立刻著手訂餐廳。

自從2010年開始米其林出了京都版，許多被列入三星、二星的餐廳，訂位變得很麻煩，面對觀光客的預約，會要求你在京都住的旅館幫你代訂，就怕你訂了位子不來，將造成店家非常大的損失。

許多人不會日文，想到訂位便卻步，此時可善用信用卡白金祕書的服務，我自己就曾經多次請白金祕書訂位，二天內就會回覆訂位是否成功，碰到那些要請旅館訂位的餐廳，白金祕書也會聯絡旅館去向餐廳訂位，還算方便。

不過，有些餐廳很熱門，最好多列出幾個日期，以免在你和白金祕書來回溝通訂位日期時，位子就被別人訂走了。

Menu

嵐山吉兆

日本美食的夢幻聖地

美味度：★★★★

環境舒適度：★★★★★

嵐山吉兆，說它是所有熱愛日本美食者心目中的夢幻聖地，一點也不為過，因為它不但料理夢幻、故事夢幻、地點夢幻，連它的價格都很「夢幻」。

「吉兆」的創始人湯木貞一，是日本料理界的傳奇人物，不但創造出「松花堂弁當」（中間以十字隔開的便當。相傳最早是僧人松花堂昭乘以十字型的木盒拿來擺放畫具，但湯木貞一有一次去參加松花堂茶會時，看到這種容器，認為可以防止菜餚混雜干擾味道，便把這種容器當成便當盒，做成松花堂弁當，風靡京都），還獲頒天皇的「紫授褒章」，更是日本第一個獲得「文化功勞者」的料理人。

湯木貞一畢生致力於把茶道精神融入日本料理，他認為，茶聖千利休將四百年來的孤單與寂寞，融

A

著名的「松花堂弁當」，即由吉兆創始人湯木貞一所創造

為了讓我拍窗外的櫻花，嵐山吉兆的女中乾脆把紙窗拆了

生魚片與Toro一白一紅，與食器上的櫻花圖案很搭

嵐山吉兆是所有饕客心目中的美食聖地

入日本料理的意象，讓茶會恢復清淡素樸的面貌，既然生為日本人，又選擇做日本料理，就不能不努力學習與茶道有關的事務；他總是教導子弟要學習茶道，他說：「以春夏秋冬四季的變化跟簡樸一起思考，才能品嚐滋味，這可說是相當高深的學問」、「要讓享用這道料理的客人可以明確感受季節性，如果客人沒辦法感受，那就表示料理的水準還不到位。」

湯木貞一的子弟滿天下，日本餐飲界只要打著「這是從吉兆出來的師傅開的店」，總令消費者另眼相看，所以說「吉兆」是日本美食界的夢幻聖地，一點也不為過。

吉兆現有十七家餐廳，分屬四個集團，這是因為湯木貞一以大阪商人「暖帘分家」的方式，讓一子四女都承襲了吉兆的招牌。長女是「東京吉兆」、長男是「本吉兆」、次女是「京都吉兆」、三女是「船場吉兆」、四女是「神戶吉兆」，本來應該有五個集團的吉兆，卻在二〇〇八年爆發船場吉兆銷售過期產品、把便宜的九州牛冒充昂貴的但馬牛，令船場吉兆被迫歇業。雖然其他家族成員伸出援手，船場吉兆一度重新營業，未料，不久之後又被掀出回收客人未動筷的料理，重新裝盤給下一個客人的事件，這一次，其他家族成員再也無法容忍，船場吉兆終於永久歇業。

在所有的吉兆中，最受好評的，是由二女婿德岡孝二打理的「京都吉兆」。京都吉兆目前有六家餐廳，每一間的定位、風格都不一樣，其中最具傳統料亭風格、最令人嚮往的，則是位於嵐

嵐山吉兆的八寸，簡直像座舞台劇

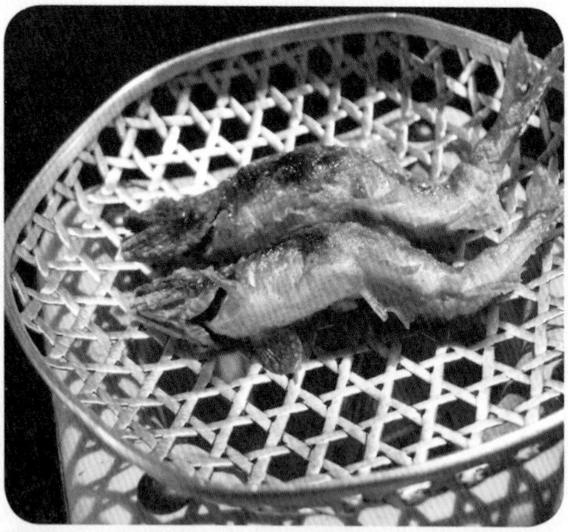

嵐山吉兆竟讓客人吃珍貴的香魚幼魚

木之芽豆腐田樂，竟用滑嫩的絹豆腐做成

山、被評為米其林三星的「嵐山本店」。

嵐山本店現由第三代德岡邦夫領軍，他不但承襲了祖、父輩的精髓，還不斷創新，在多次世界級的美食活動中，德岡邦夫所展現的料理與見解，受到來自各國料理達人的讚賞。

德岡邦夫也打破京都料亭不接待生客的規矩，讓「京都吉兆」接受各國觀光客的預約，但是嵐山吉兆的價格比其他分店來得貴，最便宜的套餐要四萬日圓起跳，簡直令人咋舌，即使如此，嵐山本店仍然不論何時皆座無虛席。

嵐山吉兆每年都獲得米其林三星，不是沒有道理的。服務人員英語流利、每組客人都有自己專屬的個室，這些都不稀奇，我造訪嵐山吉兆時正值櫻花季，進入個室後，看到窗外美麗的櫻花，服務我們的女中看我拿著相機猛拍照，二話不說，乾脆把紙窗拆下來，讓我盡情拍個夠！這種服務態度好到可以拆下自家的窗戶，我還真是第一次見到。

春天迎賓的櫻花茶，令人難以想像那櫻花竟是去年醃漬的，因為它的顏色仍然粉嫩地如同窗外初綻放的櫻花。

嵐山吉兆向來在盤飾上用心，時而素雅，時而華麗，從不忘卻展現湯木貞一所強調的季節感，所用的食器也多出自名家手筆，坦白說，這一點現在很多三星餐廳都是如此，但若論營造用餐的氣氛，嵐山吉兆絕對是箇中翹楚。

比方說，用餐到一半，突然之間室內燈光暗了下來，正當我覺得奇怪之時，女中竟端上一個「有燈光的舞台」，原來是我最期待的「八寸」上場了！

八寸的起源，相傳是茶聖千利休看到京都洛南八幡宮的神器，受到啟發而製作八寸大的木盒，因而得名。八寸在宴席料理中，常在生魚片、燉煮物之後出現，做為轉換心情與口味的料理，所用食材亦多是山、海珍味；後來八寸常在豪華宴席中被當作下酒菜，品項也愈來愈豐富。由於八寸沒有固定的形式，也有店家把它與其他小菜合在一起，以前菜的姿態出現，做為「前八寸」。

吉兆向來重視八寸的呈現，認為它是整套宴席中，最能刺激視覺的一個品項。我這次吃到的八寸，完全像一齣舞台劇，六、七種山海珍味放在各種貝殼容器裡，或站、或坐、或躺，各自以最美麗的姿態站在紅色的漆器舞台上，繡球花與燈光亦為它增添情趣，簡直讓人眼睛一亮。

不止八寸令人讚歎，嵐山吉兆的每道料理處處透露出趣味。生魚片是鯛魚與Toro（黑鮪魚腹肉），一白一紅，那Toro只消含在口中、用舌頭上下一頂，就化了；一般的豆腐田樂，因為要插上竹籤、抹上味噌醬再微烤，向來選用口感較硬的木綿豆腐，但嵐山吉兆卻用非常嫩的絹豆腐，灑上春天的木之芽，入口清香軟嫩、甜鹹適中，創造出令人意想不到的口感。

香魚被日本人視為河魚之王，日文漢字寫作「鮎」，嵐山保津川的香魚是饕客心目中難得一嚐的美味，但是四月初的嵐山吉兆，端出的「燒物」不是香魚，而是指頭般大的香魚幼魚「稚鮎」！

我心想，現在還沒到香魚解禁的時刻啊？且香魚已經夠珍貴了，怎可能還吃到稚鮎？細問服務我們的女中，才知道因為現今河川汙染，使得香魚產量銳減，為了提供客人品質穩定的香魚，「京都吉兆」乾脆在琵琶湖設置自己的香魚養殖場，鑽研複製野生香魚的美味。稚鮎是春天難得一嚐的珍饈，嵐山吉兆用鹽燒、油炸，讓客人一次品嚐二種口味的稚鮎，果然肉嫩骨細，可以連肉帶骨一起吃，但也許幼魚太小，香魚內臟獨有的苦味，反而吃不太出來。

德岡邦夫曾經說過：「御飯，是所有料理中最不能懈怠的部分。」最後端出來牛蒡炊飯，搭配鮮嫩多汁的和牛，好吃得不得了，本想再吃第二碗，無奈，已經飽得吃不下了。

日本四季變化明顯，不同的季節有不同食材，有人說，要評斷一家日本料理的好壞，至少春、夏、秋、冬都得去吃一次；下次再訪京都，我很想再去吃嵐山吉兆，屆時，只盼如今已經太過「夢幻」的價格，別再漲價了！

info

嵐山吉兆

官網：http://www.kitcho.com/kyoto/index.html

地址：京都市右京區嵯峨天龍寺芒ノ馬場町58

電話：075-881-1101

交通：坐京福電鐵（嵐電）在嵐山站下車，走路約6分鐘

價格：午間套餐43,200日圓起，晚間套餐48,600日圓起，皆含稅及服務費，可刷卡，要預約

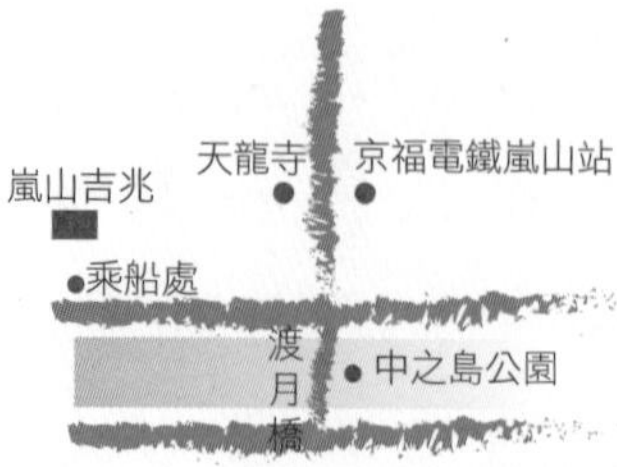

最後的炊飯與香物，又美又好吃

增添京筍與蠶豆風味的柴魚片，竟削得比紙還薄

飯後散散步

保津川遊船，仿古代貴族風雅一下

嵐山吉兆位於桂川畔，門前即是遊船碼頭。早在平安時代，歷任天皇都喜歡到嵐山遊船，造就嵐山自古便是王公貴族的嬉遊之地。不同於保津川泛舟所用的較大屋形船，這裡的船最多只能坐三個人，划船範圍也只能在大堰川附近，不能划太遠，所以價錢也便宜得多，一艘船每小時只要1,400日圓。

很多人在看嵐山的旅遊資料時，常被桂川、保津川、大堰川等名字給搞糊塗了，其實這些名字指的都是同一條河川，只是桂川從嵐山到龜岡的這一段稱為「保津川」，桂川靠近渡月橋的這一段，因為有座大堰，所以這一段亦稱為「大堰川」。

江戶時代文人雅士愛吃京都的香魚，指的就是保津川的香魚。每年6月初保津川香魚解禁時，「中之島公園」會舉辦「若鮎祭」，一千隻香魚現場烤得香噴噴，令人食指大動。想要免費吃烤香魚，可得事先向嵐山保勝會申請「試食券」，如果人多，還得抽籤才能吃得到。

中之島公園也是嵐山最著名的賞櫻勝地，每年櫻花季時，許多遊客湧向中之島公園，一家大小席地而坐，吃著炭烤透抽，與古代貴族同享賞櫻之樂。

「嵐山吉兆」門前即是遊船碼頭，可享划船之樂

中之島公園是嵐山著名的賞櫻勝地

菊乃井本店的「時雨めし弁當」，堪稱最便宜的三星料理

菊乃井
最便宜的米其林三星餐廳

美味度：★★★★
環境舒適度：★★★★★

多年前我在和我的日文老師閒聊的時候，她提到：「菊乃井的高湯，是京都最好喝的高湯！」至今我還記得，她回想起那股滋味時，臉上露出的，是一種幸福得不得了的表情。

那天回家後，我便立刻上網蒐尋菊乃井的資料，二〇〇八年，抵達京都的第一天，我便走去菊乃井預約，雖然沒在台北事先訂好位，但我

菊乃井本店每年都獲得米其林三星

想，我在京都要待八天，八天內總有一天有位子吧？

結果，我大錯特錯！

那位穿著和服的女中拿出一本厚厚的預約名冊，一天天地認真查找，整整八天，全都訂滿了！她帶著不好意思的表情，給了我一張木屋町店（現在的露庵菊乃井）的名片，問我要不要去木屋町店試試看？木屋町店與本店的傳統料亭風格截然不同，吧台式的裝潢氣氛雖然輕鬆，但當時的我，莫名其妙地執著於「要在料亭用餐」，所以最終還是沒吃到菊乃井，也成了那次旅行中最大的殘念……

原來菊乃井不僅京都人喜愛，更是許多日本人到京都玩時會提前預約的料亭。菊乃井美味的祕密是高湯，高湯美味的關鍵之一則是「水」，菊乃井所用的水，正是京都七名水之一，像菊花般湧出的「菊水の井」；豐臣秀吉的正室寧寧晚年住在高台寺時，品茶所用之水，便是取自菊水の井。菊乃井的歷代先祖都是高台寺的茶坊主，世世代代守護著菊水の井，直到明治維新後才轉而開設料亭，「菊乃井」這個名字即是取自「菊水の井」，這口井現在雖不再使用，但菊乃井烹調

菊乃井本店占地980坪，是日本最大的料亭

料理所用的水，仍是取自相同水源的地下水。

現任主廚村田吉弘是菊乃井的第三代，他曾經在二〇一一年受晶華酒店之邀來台，當時他煮高湯所用的柴魚，是鹿兒島的枕崎鰹魚，所用的昆布，是經過二年時間熟成的北海道利尻昆布；昆布、柴魚這些都能從日本帶來，但是「水」怎麼辦呢？

村田吉弘說：「軟水才能煮出好的高湯」，試了半天，他終於找到富維克礦泉水，認為這種礦泉水與京都水質較為接近，才煮出屬於菊乃井風味的高湯。

二〇一〇年米其林旅遊指南推出關西版，「菊乃井本店」果然被列為三星，算起來，菊乃井的三家餐廳一共得了七顆星星，可見其水準之整齊。為了彌補二〇〇八年未能嚐到菊乃井的遺憾，二〇一四年春季再訪京都時，一訂好機票、旅館，我便立刻預約菊乃井，而且還要吃午間限定的「時雨めし弁當」。

奇怪吧？好不容易預約到了位子，為何不吃整套的懷石料理，而要吃便當呢？

事實上，菊乃井雖然名列三星餐廳，占地九百八十坪，是日本最大的料亭，但論價格，與其

右：菊乃井內部均為個室，但享用弁當會在大廣間和其他客人一起吃

左：菊乃井還保留著過去的老招牌

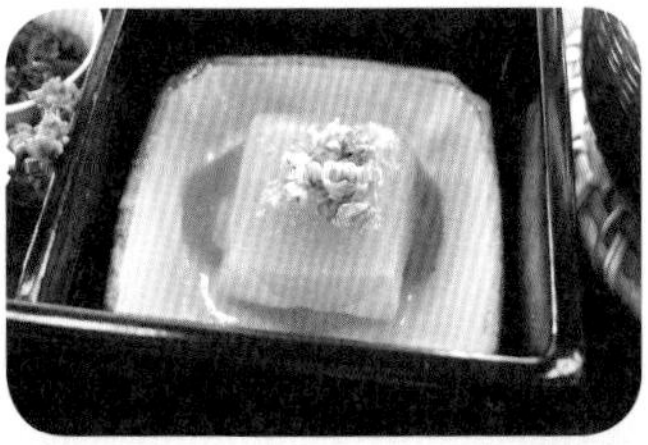

右上：弁當裡的枝豆豆腐是淡雅的綠色

右下：燉煮山藥抹上柚味噌，雖簡單但極好吃

左：六格木製弁當箱，各式料理一應俱全

他三星餐廳相較便宜許多，因為村田吉弘曾說，他想開一間全世界最便宜的三星餐廳！菊乃井午間限定的時雨めし弁當，定價四千日圓（不含服務費及消費稅），這在物價遠高於台灣的日本，著實令人驚喜！

昂貴的美味並不稀奇，便宜的美味才教人激賞。我想好好嚐嚐菊乃井的手藝，不想被那些高檔食材迷惑，所以選擇便宜的時雨めし弁當。

從女中帶領我們坐定位子、端上熱茶後，著實等了好一會兒，時雨めし弁當才上場。奇怪，弁當不都是事先做好的冷菜嗎？為什麼要等那麼久？當我開始吃起那「弁當箱」時，立刻恍然大悟——炸里芋，是燙嘴的；西京燒，是現烤的；椀物，當然也是熱呼呼的；部分菜餚顯然是等到客人抵達後，廚房才開始烹製，難怪要等一段時間。

時雨めし弁當依季節不同食材各異，但基本款共有四道菜（另可加點生魚片）。這天的「先付」是山藥拌柚味噌；木製的六格「弁當箱」非常豪華，開胃菜是枝豆豆腐與春野菜拌「白和え」（一種用豆腐做成的醬料），下酒菜有大根鮭魚卷、滷九孔、魚漿豆腐、野菜玉子燒，燉煮物是竹筍、湯葉、蜂斗菜、櫻花麩，燒物是西京燒，炸物有炸里芋及炸香菇丸……，這個弁當箱，可說是簡易版的懷石料理，差別只在於各道菜是分開上，還是一起端上來。

菊乃井的料理乍看之下不覺得特別，入口後卻常有意外的驚喜。椀物名為「蝦時雨」，看起來是清高湯，喝下去卻是葛高湯，清淡中有稠度，真是意想不到的美味，顯然，菊乃井的高湯，還有許多「變種版」。

最後端上的「時雨飯」，美得像幅畫。春天的鯛魚拌著胡麻味噌，宛如東山連峰，白色的山藥泥上打了顆鵪鶉蛋，彷彿天空中的太陽，最後灑上一抹青苔粉，又似天邊的雲彩。這碗飯要把所有東西攪混了一起吃，雖破壞美感，但黏乎乎的口感帶著胡麻香，好吃又有飽足感。

我帶著滿足的神情離開了菊乃井，心裡想著：「下回來吃懷石料理吧！」嘿，我又找到了再訪京都的理由！

info

菊乃井
官網：http://kikunoi.jp/
地址：京都市東山區下河原通八坂鳥居前下る下河原町459
電話：075-561-0015
營業時間：12:00-14:00，17:00-20:00，不定休
交通：從京阪電車「祇園四条」駅步行約15分鐘
價格：午間限定「時雨めし弁當」4,000日圓，含生魚片5,200日圓（以上價格未含稅及服務費），可刷卡，觀光客需請京都的旅館代為預約

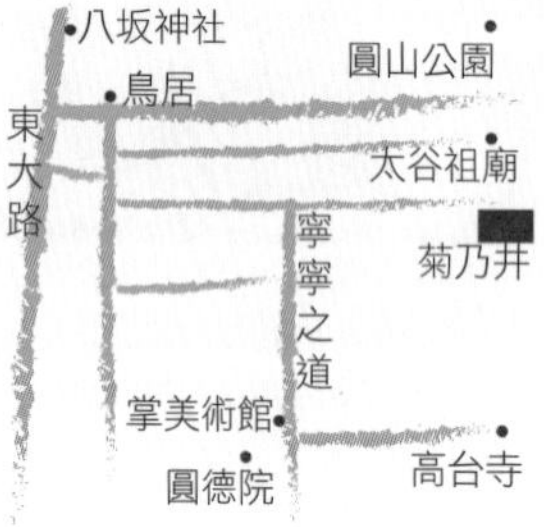

右：「椀物」蝦時雨，看起來是清高湯，入口卻是葛高湯
左：時雨飯美得像幅畫

掌美術館有許多寧寧與秀吉相關的文物

高台寺內的時雨亭是由茶聖千利休所設計

吃「時雨めし弁當」，勿忘高台寺「時雨亭」

「時雨めし弁當」是以高台寺內的茶屋「時雨亭」來命名，從菊乃井本店到高台寺，步行僅需5分鐘。高台寺是豐臣秀吉的妻子寧寧為他祈求冥福所建造的寺院，山下的圓德院，是高台寺的塔頭，相傳寧寧所終之地就是在圓德院；加上旁邊的「掌美術館」，展出的都是秀吉與寧寧的畫像及生前所用的蒔絵、文物，所以高台寺、圓德院、掌美術館，可說是三位一體。

每年春、秋兩季，這三個地方都開放至晚上九點半，是京都夜遊的好去處，人潮也相對少了許多，可以細細品味秀吉與寧寧燦爛的人生。

高台寺內有兩座桃山時代的茶屋「傘亭」與「時雨亭」，都是從秀吉所建造的伏見城遷移過來的建築，是由茶聖千利休所設計；傘亭的屋頂像把傘，時雨亭則是棟二層樓的建築，兩間茶屋的風格，與利休喜愛的狹小茶室完全不同，想來應該是利休為符合秀吉的喜好，放棄了自己的偏好吧！

原來這家是川端康成的愛店

浜作

美味度：★★★★

環境舒適度：★★★★★

浜作是日本第一家板前割烹的餐廳

古都の味，「日本的味　浜作」這是日本大文豪川端康成，為京都的板前割烹老鋪「浜作」留下的墨寶，現在已成了浜作的鎮店之寶，高掛在店內。所有的客人一進門，看到這幅字，一定會在心裡驚呼：「啊！原來我來到了川端康成喜愛的餐廳！」

川端康成的《古都》，寫的不只是兩個命運迴異的雙胞胎姐妹，也寫進了京都的四季、景點、祭典，用現在的術語來說，《古都》絕對是一部把京都「置入」到淋漓盡致的作品。

為了寫《古都》，川端康成在京都住了一段不算短的時間，對於他所喜歡的店家，總是大方地留下墨寶。川端康成會喜歡浜作，其實一點也不奇怪，因為浜作是日本第一家「板前割烹」餐廳，現任店主森川裕之的祖父森川榮早年習藝於大阪，後來在自己所住的大阪北浜地區開業，因此將店名取名為「浜作」。當時，一位廚師負責殺魚（割），一位負責烹調（烹），並且在吧台後方把處理料理的過程完整呈現於客人面前，對照於當時餐廳認為應該在客人上門前就把料理處理好，這種「板前割烹」的經營型態，簡直是場驚天動地的革命！

及至昭和二年（一九二七年），昭和天皇的就任大典在京都舉行，森川榮趁著這股熱潮進軍京都，在祇園開業，後來移至東山區的下河原現址，三代以來一直備受客人喜愛。

「板前割烹」沒有「料亭」那般拘謹正式，且師傅敢在客人面前做料理，手藝與食材的新鮮度都有相當的自信。許多師傅在知名料亭習藝後，自己出來開業喜歡選擇「板前割烹」的型態，除了能夠展現個人風格外，經營成本也較低，且廚師站在吧台後與客人直接溝通，容易培養自己的客人，因此「板前割烹」、「小料理」在戰後風行於日本各地。對客人而言，用餐環境雖不若「料亭」那般華麗，但因人事、店租經營成本較低，所以價格也較料亭低一些。

「割」，講究的是刀工，「烹」，則是用火烹調，這兩個字道盡日本料理中所有生、熟食的處理技巧。說起來，日本料理對於刀工的重視，可溯及平安時代宮中節慶時所舉行的「式庖丁」，料理人將三鳥（鶴、雁、雞）五魚（鯉、鯛、鱸、鰹、鰈），僅以一刀一筷，不碰觸食材便巧妙地將骨、肉分離的技術，由平安時代料理大師藤原山蔭集大成，後來發展出許多流派，京都另一老鋪「萬龜樓」，就傳承了「生間流式庖丁」技藝，至今已是第二十九代。

每年京料理展示大會上表演的「式庖丁」總是引人圍觀，一般的「板前割烹」當然不可能出現，但是坐在吧台前，看師傅俐落地下刀，仍然是件賞心悅目的事。當年「浜作」敢在客人面前做料理，食材的鮮度與手藝，必屬上乘，無怪乎會吸引川端康成、谷崎潤一郎等文豪。

現在的浜作雖維持「板前割烹」的型態，更多了一項創舉，在二樓設置了一間西式的沙龍，不但提供咖啡、蛋糕，中午還曾經推出「天丼」。

目前天丼已停售，期待未來能再推出

川端康成為浜作留下的墨寶

二樓的沙龍，氣氛優雅

天丼並不稀奇，但這是川端康成、谷崎潤一郎喜愛的天丼！光是這個理由，就讓我心甘情願地掏出錢來吃。

這碗天丼，果然沒讓人失望，是一碗在色、香、味，都非常「細緻」的天丼。

日本很多有名的天丼，常常以「大」，來營造超值感，但是炸物要好吃，食材鮮度、麵衣比例、胡麻油的兑比、油溫的控制，都是學問；坦白說，許多天丼只重視用很大的蝦子或穴子魚，其他並不講究，亂擺一通的炸物，吃來只覺得油膩。

浜作的天丼，不但大，而且光用眼睛看，就覺得很好吃，三隻炸蝦直挺挺地站著，四季豆、蓮藕、地瓜、茄子、香菇，像裙擺一樣散開，非常賞心悅目。

雖然麵衣沒有特別薄，但所有炸物該軟的軟，該鬆的鬆，該脆的脆，食材鮮度不在話下，也不覺得油膩；淋在飯上的醬汁，鹹、甜適中，與晶瑩剔透的米飯一起入口，是一碗讓人會忘了熱量的天丼。

坐在優雅的沙龍裡，沒有油膩膩的油煙味，這樣吃天丼真是一種新奇的體驗，看著牆壁上川端康成所寫的「美味延年」，不知道吃完這碗天丼，會不會多活幾歲呢？不過，最近「浜作」已經停售這款「天丼」了！讓人遺憾不能再以二千多日幣的低消費，品嚐到大文豪欣賞的手藝；我雖未曾嚐過「浜作」其他的割烹料理，但以天丼所展現的細緻度論斷，其他料理也應該不錯。有朋友吃過「浜作」的割烹料理後回來讚不絕口，說得讓我心癢難耐，恨不得現在就直奔京都而去。

info

浜作
官網：http://www.hamasaku.com/
地址：京都市東山區祇園八坂鳥居前下ル下河原町498
電話：075-561-0030
營業時間：11:30-14:30，17:00-22:00，週三休
價格：天丼2,100日圓，午間套餐6,000日圓起，晚間套餐25,000日圓起（以上價格不含服務費及稅），可刷卡，天丼不需預約，套餐則需預約

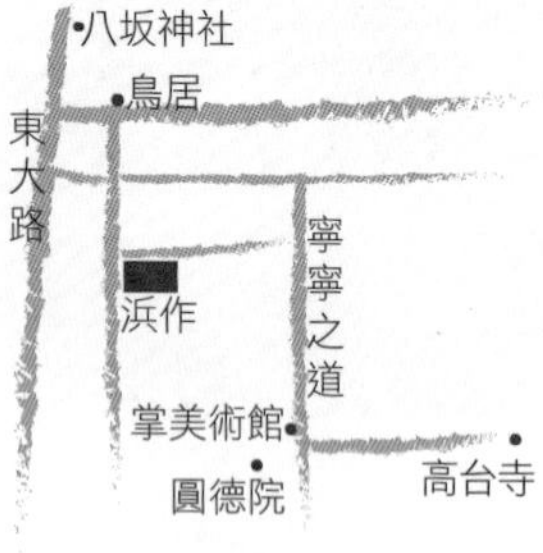

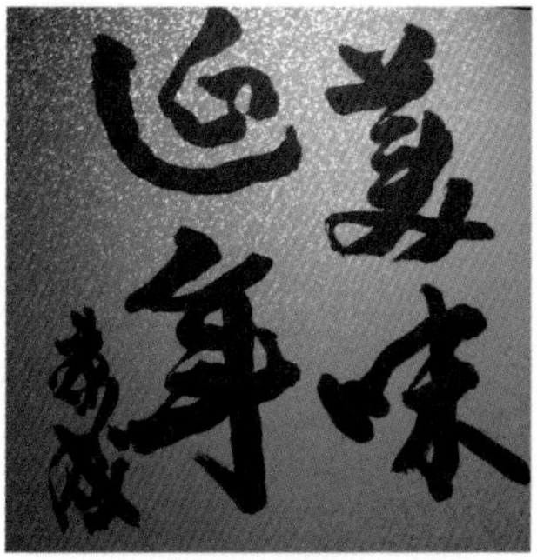

右：柊家是川端康成最喜歡的旅館

左：京都有三家餐廳留有川端康成「美味延年」的墨寶

在京都，尋找川端康成的「筆」跡

川端康成在京都最常下榻的旅館，是京都老鋪和風旅館御三家之一，位於麩屋町通、御池通的「柊家」，他還為柊家寫了篇「入住心得」，其中有一段寫道：

「京都，一個細雨的下午，我坐在窗畔，看著雨絲絲落下，時間彷彿靜止。就是在這裡，我清楚地意識到，寧靜這種感覺，只屬於古老的日本。」許多人因為這句話入住柊家，更期望聽聞一些關於他的軼聞趣事。

據說，川端康成每次入住柊家，都由同一位女中服務，與這位女中熟識之後，他曾想把這位女中的故事寫進小說，但這位女中因為太害羞而拒絕了，沒想到，後來川端康成得了諾貝爾獎，讓這位女中後悔不已。

另外，位於地下鐵「蹴上」站、依山而建的威斯汀都酒店（Westin Miyako），著名的建築師村野藤吾在1959年幫酒店設計了「佳水園」之後，川端康成也曾入住於此，亦留下了「雨過如山洗」的墨寶。

對於喜愛的餐廳，川端康成也會寫下「美味延年」贈與店家，不但期許店家世世代代傳承美味，也有「吃了這樣美味的食物會更加長壽」的涵意。除了「浜作」之外，位於寺町通三条的壽喜燒老鋪「三嶋亭」、圓山公園內以芋棒聞名的「平野家本家」，都有川端康成留下的「美味延年」墨寶。

注意到了嗎？這些旅館與餐廳，價格都不菲呢！以柊家來說，入住一晚的費用是4萬到9萬日圓；三島由紀夫自殺之前，最後入住的一間旅館也是柊家。我曾經好奇，日本文學家怎麼這麼有錢，喜歡待在高級旅館裡寫作？後來聽說，這些旅館有所謂的「文人優待價」，非常歡迎文人長期居住下榻寫作，真是令人羨慕啊！

銷魂的壽喜燒 三嶋亭

美味度：★★★★★
環境舒適度：★★★★★

日本真是個充滿驚奇的民族，從天武天皇，頒布《禁止殺生肉食》的詔命開始，日本人一千二百年來沒有吃過牛肉，直到明治四年（一八七一年）十二月，明治天皇頒布《天皇肉食再升宣言》，解除了吃肉的禁令，算起來，日本吃牛肉的歷史，也不過才一百多年，但在這麼短的時間內，竟然可以培育出全世界最好吃的牛肉。這個民族對於「吃」的熱情，簡直叫人訝異！

明治維新不只是政治的革新，也是飲食的革新，從抗拒牛肉到喜愛牛肉，有兩個關鍵人物，一個是解除禁令的明治天皇，另一個則是福澤諭吉；這位肖像被印在日圓萬元紙幣上的明治思想家，倡議的可不只是「獨立自尊」，他還倡

沾上蛋液的牛肉壽喜燒，配白飯最好吃

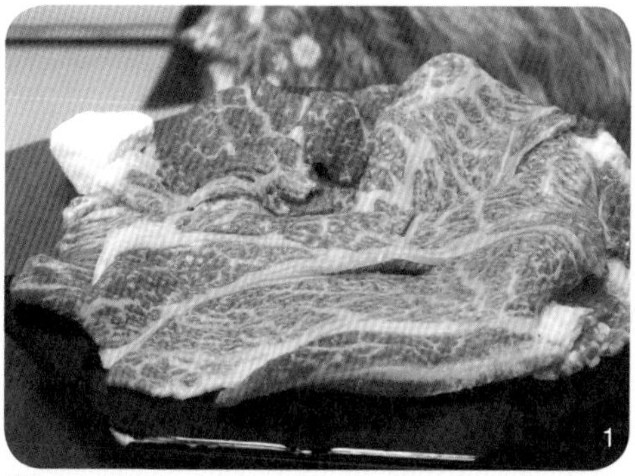
日本黑毛和牛的魅力，實在令人難以抵抗

關西壽喜燒的吃法是先放砂糖

將牛肉與砂糖拌炒入味後才加醬汁

三嶋亭第二輪把牛肉與蔬菜一起煮

導吃牛肉。福澤諭吉認為，吃牛肉有助於強健體魄，更是「文明開化」的象徵；明治六年在京都開業的壽喜燒（すきやき，sukiyaki）老鋪「三嶋亭」，現在官網仍標榜著「文明開化的品味」，即道盡當年吃牛肉所代表的意義。

思想上接受吃牛肉，不代表就會愛上吃牛肉，一直到「關東的牛鍋，關西的鋤燒」這種適合搭配米飯的料理方式出現，牛肉才開始造成風潮。「牛鍋」是將牛肉加入味噌調味的燉煮料理，「鋤燒」則是將牛肉片放在鐵鍬或鋤頭上煎烤，並以醬油調味煎烤的料理；兩者雖都被認為是壽喜燒的起源，但鋤燒在吃法與味道上，與壽喜燒更為接近。

走進寺町三条的三嶋亭本店，每一張吃壽喜燒的桌子，都是大紅色的木桌內嵌著淺鐵鍋，這是受到長崎桌袱料理（受到中國飲食影響，眾人圍在一張大紅色的圓桌一起享用的料理，菜色亦融合了中、日、歐等風格）的影響，原來，三嶋亭初代老闆與老闆娘還曾經在長崎學習牛鍋。但不管怎麼說，壽喜燒這種料理，確實是發源於關西，一直到現在，關西人講到吃肉，首先想到的便是壽喜燒。

關西與關東的壽喜燒的吃法也不一樣，最大的差異是，關東是將醬油、砂糖、味醂與酒一起調成醬汁後，與牛肉及其他蔬菜配料同煮；關西則是先灑上砂糖與牛肉一起拌炒，再加入醬油、味醂、酒等醬汁。三嶋亭當然是屬於關西風壽喜燒，看著女中熟練地灑砂糖、炒牛肉、加醬汁微煮、迅速地把牛肉挾起，當沾滿生雞蛋蛋液的牛肉融化在口中時，真是大滿足！

壽喜燒好吃的關鍵在於牛肉，每一片牛肉，油花要豐富均勻，入口才會充滿肉汁，牛肉片也不能切太薄太小，太薄太小就會少了那份滿足感。日本以產地為名的牛肉品牌非常多，百分之八十五都是屬於但馬牛系統，根據大久保恆次在《食通入門》中指出，但馬牛最早是兵庫縣美方郡產的日本牛，由於日本牛身體小、肉食利益較低，後來美方郡的農家便與外來牛「瑞士褐牛」（Brown Swiss）配種，之後就沒有再混種過。許多盤商會特地到美方郡來購買這種牛，再送往各地飼養：送到三田飼養的被稱為「神戶牛」，送到近江八幡飼養的稱為「近江牛」，送到松阪近郊飼養的便是「松阪牛」。

右：把牛肉與蔬菜同煮，是關東吃法

左：吃壽喜燒時沾上生雞蛋的蛋液，更添美味

右：三嶋亭本店一邊是料理店，一邊是精肉店

左：包廂內的壽喜燒桌，明顯受到桌袱料理的影響

過去傳言神戶牛是在喝啤酒、按摩、聽音樂的環境下長大，但其實各地牧場都有一套獨門的飼養方法。二〇一三年底奪得日本全國農業協同組合第一名（最優秀賞）的沖繩「本部牧場」，打敗其他名牌牛的關鍵，是牛肉中不飽和脂肪酸的比例高達百分之五十八（神戶牛、飛驒牛是百分之五十五），其獨創的飼料包含乾草、啤酒花、玉米、蜜糖，還要經過十天發酵而成，屠宰時更捨棄一般認為最佳的八百公斤，養到七百到七百五十公斤時便予以宰殺，這才勇奪第一名！

因此，產地品牌不再是消費者辨別的唯一依據，日本肉品鑑定協會（JMGA）依品質、油花分布、肉的色澤、結實度與肌肉紋理、脂肪色澤品質，分成ABC與54321的等級（A5最好，C1最差），反而成為市場價格與消費者參考的主要指標。

三嶋亭是京都最捨得花錢標高級和牛的店家，每天都會公布所用牛肉的產地與編號，價格當然不菲，推薦大家來吃午間特價的壽喜燒，那可是晚間價格的一半呢！雖然份量比晚餐少，和牛等級也低一點，但還是能令人滿意，一人三大片和牛的午間套餐，正當意猶未盡時就吃完了，很容易勾起下次還要來吃的慾望。

以前我總以吃油花分布很密實的和牛為樂，有一回吃壽喜燒時，特地挑A5級的和牛來吃，吃第一片時，真覺得那是天上美味，但吃第二片時就覺得太油了，等到吃到第三片時，竟覺得噁心了起來……。此後我便打破了「A5迷思」，只要A3以上便能滿足，還真是省了不少錢呢！

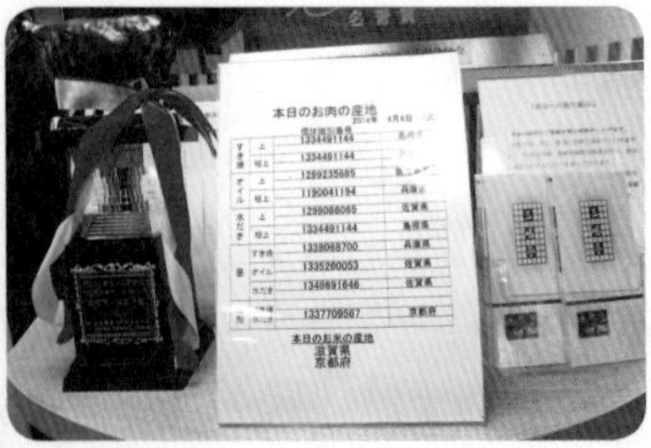

右：三嶋亭每日會公布所用和牛的編號產地

左：客人如果提早到，就要先在休息室等一下

info

三嶋亭本店
官網：https://www.mishima-tei.co.jp/
地址：京都市中京區寺町三条下る櫻之町405
電話：075-221-0003
營業時間：11:30-22:00，週三休
價格：午間限定壽喜燒5,940日圓，晚餐9,504日圓起，可刷卡，要預約。另有涮涮鍋、燒肉、雪見鍋等吃法，均以牛肉為主，價格相同

飯後散散步

寺町通商店街，繁華中充滿歷史情調

從御池通轉進寺町通往三嶋亭的方向走，這一段不怕雨淋、有屋頂的寺町通商店街，聚集了許多老鋪、咖啡館、菓子店、古書店、古美術館……，商業氣息雖然濃厚，卻充滿歷史情調。

入口的和菓子老鋪「龜屋良永」，以表面宛如龜殼花紋的御池煎餅，聞名遐邇；另一側的「本能寺」，讓人不由得緬懷起吟誦著「人生五十年，與天地長久相較，如夢又似幻，一度得生者，豈有不滅者乎？」瀟灑的織田信長，只不過，現在本能寺的位置，並非當時本能寺之變的現址，而是在信長過世後五年，豐臣秀吉將本能寺遷移至此，因此寺院規模並不大，但寶物館還是展出了信長相關文物，吸引許多信長迷前往憑弔。

寺町通與姉小路通交叉口，是著名的文具老鋪「鳩居堂」，從書畫用品、線香、和紙到明信片，看得讓人眼花瞭亂，絕對是個殺荷包之地；逛累了，再往三条的方向走，就是昭和7年創業的「スマート咖啡店」（Smart Coffee），在此啜一杯咖啡，深吸一口空氣中的懷舊氣息吧！

鳩居堂是個殺荷包的地方

織田信長迷來京都必訪本能寺

「ロテル・ド・比叡」的法式料理，煎干貝鮮甜，搭配的九条葱更甜

在古老的比叡山吃法式料理，夠酷！ロテル・ド・比叡

美味度：★★★★
環境舒適度：★★★★

想到在比叡山吃法國菜，就覺得是一件很酷的事！怎麼說？比叡山延曆寺與高野山同為「日本佛教的母山」，在這樣的環境下，吃出家人的精進料理，一點也不奇怪；奇怪的是，比叡山上有一間很有情調的法式小旅館，「ロテル・ド・比叡」（lotelu do hiei，比叡羅特爾德酒店），在這個佛教重鎮中吃法國菜，本身就具有一種衝突的美感，這還不酷嗎？

「ロテル・ド・比叡」會出現在比叡山上，還拜一九九七到一九九八年日、法頻繁交流所賜。日、法間的接觸，最早雖可追溯至十七世紀，伊達政宗派出的訪歐使節團，曾經在法國登陸，但直到明治維新後，日本才開始接受西洋料理；當時能夠吃到西洋料理的，只限於日本的上流社會，來到日本的外國人，也吃不慣日本料理，甚至將日本料理視為奇怪的食物，直到一九九七年，法國訂為「日本年」，透過各種交流活動，一向在美食界自視甚高的法國人，終於認同了清酒、豆腐、生魚片、壽司的美味。隔年，日本訂為「法國年」，更熱烈地回報了法國人的善意。

在這股風潮之下，京都也熱情地參與其中，甚至討論起仿效巴黎塞納河的藝術橋（Pont des Art），也在鴨川的三条與四三条之間，打造一座金屬的人行橋。不過，這項提案最後未能實現，反倒是京阪電鐵所屬的京阪飯店，邀請曾為LV打造精品店的法國設計師，與日本建築師聯手，在比叡山設計了這間「ロテル・ド・比叡」。

這幢旅館設計得很有趣，第一眼看到它的外表，「這是一幢法式小旅館嗎？」的疑問油然而起，像是一座低調的國際會議廳，但走進去，氣氛突然變得完全不一樣，大面玻璃窗引入的光線把室內照得通透明亮，沿著歐式風情的大理石階梯而上，白色的沙發、白色的大吊燈，配上大紅色的地毯，洋溢著一種不會拒人於千里之外的「微奢華」氣氛。

「ロテル・ド・比叡」的住宿價格從二萬日幣起跳，遊覽延曆寺要花一整天的時間，比叡山距離京都市中心又有點遠，的確可以在此住一晚，我百轉千折猶豫了半天，最後，祇園夜晚的花街，還是戰勝了比叡山的清靜，只好趁著白天遊覽時，在這裡吃午餐。

旅館有二間餐廳，一間是走輕食路線的café de Lairelle，另一間則是氣氛輕鬆，但供應法式料理套餐的 L'Oiseau Bleu，兩者雖然都有午間套餐，但café de Lairelle的午間套餐要二千五百日圓，並不便宜。反倒是L'Oiseau Bleu從三千五百日圓（稅及服務費另計）

「ロテル・ド・ 比叡」由日、法建築師聯手打造

酒店裝潢呈現出「沒有距離的微奢華」風格

白肉魚的表皮煎得非常酥脆

羊小排熟嫩度處理得剛剛好

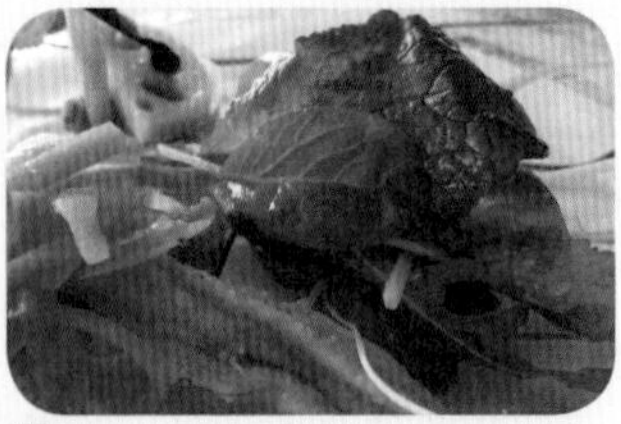
炸穴子魚配野菜沙拉，新鮮水嫩

起跳的價格，以京都法國料理的價位來説，並不算貴，所以建議還是享用較為正式的法式料理，滿足度較高。

不過，我想好好地嚐嚐主廚的手藝，因此點了五千五百日圓的套餐，是包含開胃小點、冷盤、湯、魚料理、肉料理、甜點與咖啡的六道式套餐。強調使用京都、滋賀縣食材的L'Oiseau Bleu，整體的料理風格很清爽，份量十足吃起來卻沒有負擔，令我印象深刻的是這裡使用的蔬菜，炸穴子魚搭配的野菜沙拉、煎干貝配的九条蔥、白肉魚配的四季豆與荷蘭豆、羊排配的彩椒，每一種蔬菜都水嫩嫩，又香甜可口。

原來這裡所使用的蔬菜，是與滋賀縣的有機蔬菜契作農園商量好，每天自農園採摘後，必須在六小時以內送達，趁著鮮度與甜度還在最佳狀態的時刻，就送到客人的餐盤上，難怪吃起來會如此水嫩飽滿。

L'Oiseau Bleu在法文的意思是「青鳥」，想必餐廳希望讓客人坐在這裡用餐時，透過大玻璃窗望向窗外的比叡山連峰，幻想自己能化為一隻青鳥，在天空中展翅，飛向山腳下的琵琶湖吧！

info

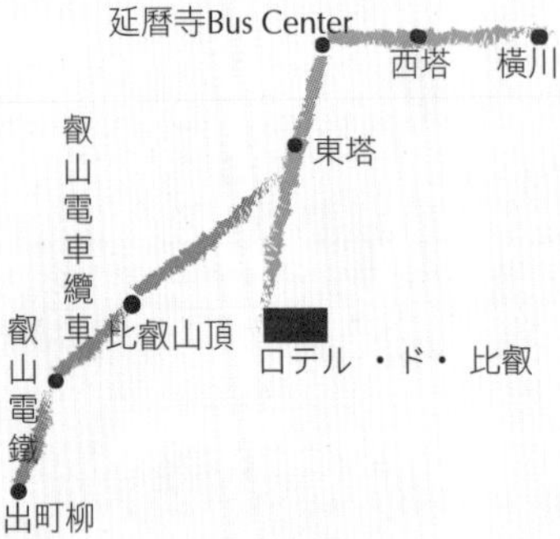

ロテル・ド・比叡
（lotelu do hiei，比叡羅特爾德酒店）

官網：http://www.hotel-hiei.jp/index.php

地址：京都市左京區比叡山一本杉

交通：一、從京都駅、京阪三条駅、京阪出町柳駅，有京阪巴士及京都巴士可直達「ロテル・ド・比叡」，車資580日圓；二、在出町柳坐叡山電鐵到八瀬站後，搭纜車上山頂，再坐周遊比叡山各景點的的接駁車（若要周遊比叡山景點，可購買比叡山一日乘車券800日圓）

價格：L'Oiseau Bleu午間套餐有三種價位：3,500日圓、4,500日圓、5,500日圓（税及服務費另計），晚間套餐8,000日圓、10,000日圓、13,000日圓、18,000日圓（税及服務費另計），可刷卡

比叡山延曆寺太大，難怪織田信長要燒掉它

實際遊覽比叡山延曆寺，你就會理解，為什麼織田信長要燒掉它。

因為它真的很大很大，大到遊覽延曆寺主要的景點區域——東塔、西塔與橫川，最好坐比叡山的接駁車取代步行；即使如此，想要在一天之內遊覽完，也得非常緊湊。

為了怕盜匪劫掠寺內的財產，從平安時代，延曆寺僧眾便開始武裝自衛，逐漸發展成為強大的武力集團，一旦不滿意朝廷的政策，便動輒抬著神轎上街進行「強訴」，宛如今天的遊行抗議活動。這股以宗教為號召、用武力做後盾的勢力，讓朝廷也不得不屈服，連善從攝關家手中奪回政治權力、善於權謀的白河法皇，都曾說出：「賀茂川之水（指鴨川水患）、雙六之賽（是一種擲骰子的賭局）、山法師（指比叡山的僧兵），天下唯有這三件事不如我意！」可見比叡山延曆寺的僧眾有多難纏。

擁有一統天下雄心的織田信長，當然會覺得比叡山延曆寺這股勢力，是阻礙他一統天下的絆腳石，更何況他不信神佛，當然要打擊比叡山延曆寺。

已列名世界遺產的比叡山延曆寺，是京都著名的賞楓名所，就算沒時間走完三個景區，東塔、橫川這兩個區域楓紅點點，可千萬別錯過。

東塔是延曆寺的發源地，現在看到的「根本中堂」是德川家光重建

舞台造型的橫川中堂，被火燒又遭雷擊，在昭和46年重建完成

漆盒內有生麩田樂、麩櫻餅、櫻花麩、竹節山椒麩

貴族就是吃這個長大的？半兵衛麩

美味度：★★★★
環境舒適度：★★★★★

朋友D知道我到京都要進行京料理的取材，特別推薦我去「半兵衛麩」吃它的麩料理，雖然知道麩與豆腐，都是精進料理中不可或缺的食材，但一想到以前吃的懷石料理中，常常配有裝飾性的「櫻花麩」、「紅葉麩」，軟綿綿的口感又沒什麼味道，想到要吃一整套的麩料理，我怎麼也提不起勁……

但D說：「那是古時候貴族才能吃的東西呢！」想想，看在貴族的分兒上，好，我就「勉為一吃」吧！

這一吃，簡直驚為天人！吃完半兵衛麩的麩料理午餐，我立刻告訴D：「沒想到這麼好吃！」惹來D一陣訕笑。偏見，果然是品嚐美食的最大絆腳石。

麩，其實就是麵筋。雖然麵麩從中國傳入日本的時期，有奈良時代與平安時代等不同的說法，但其製作方法，普遍認為是在室町時代，由赴中國學習的僧侶傳入日本。麩的製作方法是，用石臼將小麥磨成粉，加入水製作成麵糰，再把麵糰放入布袋中，用大量的水沖洗，澱粉質流失後，所得的麵筋即為麩。

麩與豆腐，因其高度的營養價值，成為禪宗精進料理中重要的食材；崇尚淡雅的貴族，在膳食之中自然加入了精進料理的元素，但是製作麩的原料——小麥，早期在日本產量稀少，因此豆腐、湯葉、麩這些被視為高級品的食材，只有貴族才能享用，一般平民不可能吃到。

精進料理除了是素食料理之外，「精進」二字，亦含有「要不斷下功夫去處理」的意思，麵麩做為精進料理中重要的食材，當然會再度加工。拿去蒸，就成了「生麩」，加一點麵粉再拿去烘烤，就成了「烤麩」；麩還可以用來做成甜點，記錄茶聖千利休言行的《南方錄》曾記載，在千利休茶會中登場的甜點，就是「水前寺海苔點綴的烤麩」。

京都有不少專賣麩的店鋪，創業於元祿二年（一六八九年）的「半兵衛麩」，第一代店主玉置半兵衛，曾於御所大膳職中任職，在皇宮內學習到麩的製作方法後開業，傳承至今已歷十一代。半兵

右：麩亦可做成和菓子，此為麩櫻餅

左：本店有二棟建築，町家為茶房，石材建築為賣店

衛麩的家訓是「先義後利、不易流行」；「不易」是指把好吃的麩貢獻給客人的心意一直不變，「流行」，指的是努力研究新的技術、開發符合時代的商品。朋友D說，她曾經到半兵衛麩的本店買麩，「我只不過買了一千日圓不到的產品，但送客時，店員一直站在門口，直到我轉彎，看不見人影，店員才肯走回店裡！」果然，當我吃完午餐，在店內逛了半天離開時，半兵衛麩的店員，也是這樣恭敬地目送我離開，久久未曾離去。

與其他麵麩專賣店不同的是，半兵衛麩不僅賣各種麩，還特地闢了一間茶房，提供一整套「以麩為主角，湯葉為配角」的午餐。我相信，許多客人吃完這個午餐之後，一定大為驚奇，只因製作方法不同，麩，竟然可以表現出完全不同的口感、色彩、味道，創造出千變萬化的組合。

以口感來說，如果從「軟」到「Q」到「硬」，可以分成十個等級，麩，就有辦法表現出這十種不同的口感。像是「生麩田樂」所用的栗麩與胡麻麩，Q彈度就不一樣；麩還可以炸，變成像鬆脆的仙貝；另一款名為「禪」

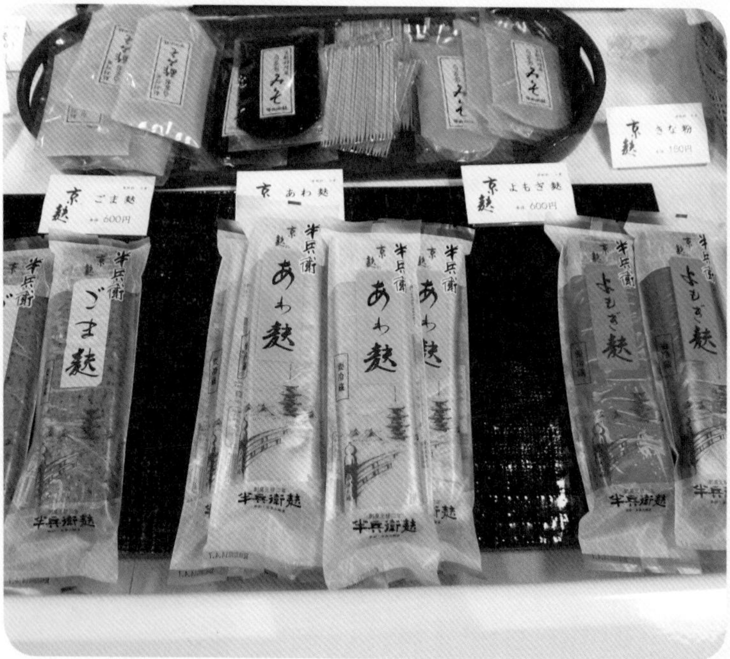

右：「半兵衛麩」以麩為主角，湯葉為配角的午餐，意想不到地好吃

左：生麩要冷藏，保存期限只有7天

右上：加了艾草的麩，做成白味噌湯

右下： 除了各式生麩外，也有湯葉

左：如果從軟到硬有10級，麩就有10種口感

的精進生麩，嚼起來韌勁十足，問了服務小姐才知道，原來這道「禪一」，模仿的是肉的口感！

麩，也是一種可以和各種味道、各種烹調方法相融合的食材。生麩田樂不論抹上白味噌、赤味噌、木之芽味噌，都十分搭調；丁字麩可以加上切片黃瓜，做成酸酸的醋物；與高湯一起炊煮，生麩便吸盡了高湯的風味；加入艾草的麩，可以和白味噌融合，變成一道鹹中帶甜的溫潤湯品；名為「利久坊」的麩，咬開來，裡面包了銀杏、木耳、百合，就像豆腐料理中的「飛龍頭」。當然，麩還可以做成和菓子的皮，加入紅豆泥餡料，包上櫻葉，不正是美妙的「麩櫻餅」？

更不要說，麩在色彩、形狀的表現，是如此婀娜多姿了！粉紅色的櫻花麩，綠、黃相間的竹節麩，看起來像花生的白玉麩……，只要你能發揮想像力，無論想要做成什麼樣，麩就可變成什麼樣，無怪乎，在京料理中，麩也是點綴料理的重要裝飾品，麩，真是一種偉大的食材！

右上：茶房外有一小坪庭

右下：「禪」口感韌勁十足，吃起來像肉

左：外賣店內有各式各樣的生麩

吃完了半兵衛麩的午餐，逛進茶房旁邊的半兵衛麩外賣店，看著琳瑯滿目的各種麵麩產品，還附上各種食譜教你買回家後如何做成家常菜……，半兵衛麩真是一家推廣麩料理不遺餘力的店鋪。

新鮮的生麩要冷藏、冷凍，且保存期不長，身為觀光客，我只恨沒有辦法把好吃的生麩帶回家！

info

半兵衛麩

官網：http://www.hanbey.co.jp/

地址：京都市東山區問屋町通五条下ル上人町433

電話：075-525-0008

營業時間：午餐11:00-16:00（最晚14:30入店），賣店9:00-17:00，不定休

交通：從京阪電車「清水五条」駅步行約1分鐘

價格：麩與湯葉料理套餐3,000日圓，只在中午供應，可刷卡，完全預約制。（素食者注意：雖然沒有肉類，但套餐中之湯品，所用高湯並非素高湯）

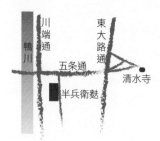

帶弁當箱到清水寺野餐

右：清水寺的正殿，有「清水舞台」之稱

左：從弁當箱可窺見古代貴族豪奢又風雅的生活

半兵衛麩的2樓，有一個很特別的博物館，別以為這種免門票、私人設置的博物館沒什麼看頭，這個博物館雖然不大，卻展示了許多古代日本貴族外出時，盛裝食物的容器——弁當箱，其收藏之豐，絕對是日本之冠。

以蒔絵螺鈿工藝打造的弁當箱，每一個都華麗至極，配合著不同的嬉遊目的，春天賞櫻、夏天納涼、秋天賞楓……，造型、圖案皆不同，還有可以吃鍋物料理、室外溫酒等功能的器具，從這些弁當箱，足以窺見古代貴族既豪奢又風雅的生活型態。

從半兵衛麩往東山的方向走20分鐘，爬上五条坂，便是京都必遊之地「清水寺」；古代貴族，應該就是這樣命著隨從僕人挑著弁當箱，到清水寺參拜賞楓吧！

以139根櫸木支撐正殿的「清水舞台」，建造得既恢宏又巧妙，日本有句「從清水舞台跳下去」的諺語，是形容破釜沉舟的決心，但伴隨著「若跳崖者能生還，心中願望便可實現」的傳說，江戶時代真的發生了324起「從清水舞台跳下去」的事件。不過，驚奇的是，跳崖者生還的比例，竟高達85%。

耐人尋味的是，不知那些生還者心中的願望，後來是否真的實現？

松籟庵有美景相伴，更能品出湯豆腐的素雅

書法家的隱世豆腐庵
松籟庵

美味度：★★★
環境舒適度：★★★★★

談京都美食，不能忽略豆腐的存在。京都的豆腐，聞名中外，素白淨嫩的豆腐，是騷人墨客的最愛，谷崎潤一郎晚年住在京都時，最愛吃的便是豆腐；川端康成的《古都》，也要特地安排嵯峨豆腐名店「森嘉」出場；南禪寺附近的名店「奧丹」有三百七十年的歷史；「順正」則帶有書院氣息。總之，人在京都，不吃豆腐，似乎就無法領略京都的風雅。

在京都各式各樣的豆腐料理中，最著名的便是湯豆腐。湯豆腐是京料理中的淡之極淡，一片昆布就著一鍋水，幾塊絹豆腐徜徉其中，讓作家泉鏡花把湯豆腐喻為落花、初雪，「是只有中年人才能領略的滋味！」

不過，在京都吃豆腐料理，所費不貲，但豆腐就是豆腐，再好吃，也不過就是豆腐，要我花大把銀子去吃，除了豆腐之外，還必須有其他的「附加價值」。

在吃過幾家著名的豆腐料理之後，我想和大家分享的，不是那些百年老店，而是後起之秀——位於嵐山龜山公園旁的「松籟庵」。

嵐山嵯峨一帶好吃的餐廳不少，二〇〇五年才開業的松籟庵能在強敵環伺之下，異軍突起，勇奪日本最大美食網站「食べログ」嵐山地區餐廳的第一名，必有其因。

首先，以渡月橋為起點走到松籟庵，約莫要走十分鐘；這十分鐘，沿著保津川散步，先看綠水遊船，再爬個小坡，欣賞蓊蓊鬱鬱的森林，就在氣喘未喘之際，忽見林中一小屋，便是松籟庵。這一段路，是品湯豆腐的前奏，原本浮躁的心情，因漫步於山水之間，便平靜了下來，如此心平氣靜，才能品出湯豆腐的淡雅。

藏於龜山之側的松籟庵，看似遺世而獨立，其實極有來頭。一百三十年前，它是昭和時期日本首相近衛文麿的別邸，近衛文麿出身於公家名門「近衛家」，在嵐山造了這座數寄屋式的建築後，取名為松籟庵，在歷史人物所居住

右：「松籟庵」藏於青山綠水之間

左：松籟庵的湯豆腐用的是「森嘉」的豆腐

過的宅邸內用餐，總是多了份幽情。

這幢「數寄屋」建築（數寄一詞意指外面糊半透明紙的木方格推拉門，數寄屋為一種日本田園式住宅，融合茶室與書院式住宅的風格）現在被書畫家小林芙蓉買下來，經過整修後，不只做為豆腐料理店，也是小林芙蓉的書畫藝廊，由她親筆所書的「天地人」置於一角，像是在山水之間提醒你：「惟天地萬物父母，惟人萬物之靈」。

對於豆腐的吃法，松籟庵也有創新之處。最先登場的「雪鹽豆腐」，是豆乳剛凝結時、尚未重壓之前的「朧豆腐」（おぼろ豆腐），近年來，朧豆腐因為最能吃出大豆香而深受女性喜愛，但多半是單吃或蘸點醬油來吃，松籟庵卻給了一碟雪鹽，灑點雪鹽後，更能吃出朧

上：書畫家小林芙蓉所書的「天地人」靜置一角

下：松籟庵原本是前首相近衛文麿的別邸

右上：雪鹽豆腐是朧豆腐的創新吃法
右下：食事是青豆飯佐山椒小魚
左：甜點是豆腐冰淇淋與生八橋佐黑糖蜜

沿著保津川看綠水山色

右：松籟庵的「八寸」以葷菜居多，令人驚喜萬分

左：炸豆腐淋上高湯芡汁，別有風味

豆腐的甜。

松籟庵還打破了京都豆腐料理店清一色全是豆腐的配菜模式；雖然主角還是豆腐，但「八寸」（季節性山海珍味的組合，用來做為下酒菜）之中有蝦、烤魚、鴨肉卷、鮭魚起士卷、魚子豆腐等葷菜，讓人驚喜萬分；與其說，松籟庵提供的是豆腐料理，不如說，是以豆腐為主角的京料理。

在湯豆腐方面，松籟庵使用的是嵯峨名店「森嘉」的豆腐。作家司馬遼太郎曾經指出，森嘉豆腐之所以濃郁，在於別人用一公斤的大豆，會做成十二到十五塊的豆腐，但森嘉只做成十塊豆腐；且位於清涼寺附近的森嘉只外賣，並不提供店內用餐，松籟庵這種採用森嘉豆腐的作法，確實可以滿足許多遊客想要一嚐森嘉豆腐的願望。

一邊吃著豆腐，一邊隔著窗外，望向從保津川順流而下的船隻，就在這一刻，終於體會了那一方嫩白中的淡雅……

info

松籟庵

官網：http://www.syouraian.jp

地址：京都府京都市右京區嵯峨亀ノ尾町官有地內

電話：075-861-0123

營業時間：週一到週四11:00-17:00，週五到週日11:00-29:00，年中無休

價格：松葉（先付、八寸、湯豆腐、炸豆腐、山椒小魚、飯與漬物、甜點）3,800日圓（完全預約制）

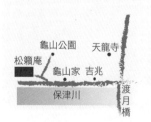

龜山公園內的石頭，這般詩情畫意

從松籟庵窗外所看到的保津川遊船，不同於前述在「嵐山吉兆」前面的遊船碼頭所划的小船，而是較大的屋形船。想坐屋形船，可以坐JR或トロッコ觀光小火車到「龜岡」，再順流而下，這段航程歷時二小時，船資一人4,100日圓，雖不便宜，但是坐在船上視線水平低，更覺得保津川峽谷險峻，是嵐山極富魅力的行程。

松籟庵的斜對面，就是高檔度假旅館「星のや 京都」；有趣的是，入住「星のや 京都」的客人也要搭船，因此，如果看到由下而上的船隻，就是入住「星のや 京都」的嬌客，松籟庵的位置剛好可以看到兩種航行方向相反的船隻，煞是有趣。吃完了午餐有了力氣，可以沿著山坡再往上爬，便是「龜山公園」。嵐山不論何時都遊人如織，而龜山公園「春可賞櫻、秋可賞楓」，但遊客鮮少爬上此地，如果想避開人潮，這裡便是絕佳的去處。

龜山公園內還有許多石碑，許多石頭上均刻著字，那是鎌倉時代的公家歌人藤原定家，挑選了一百位歌人的和歌，編撰而成《小倉百人一首》，一個石塊上便是一首和歌。艱澀的古和歌很難看得懂，唯一看得懂的，反而是另一側的一塊石碑，上面寫著「雨中二度遊嵐山，兩岸蒼松夾著幾株櫻……」的詩句，這可是前中國總理周恩來當年以公費留學日本，在返回中國前，特意到嵐山遊覽所留下的詩句。

保津川屋形船是嵐山極富魅力的行程

龜山公園可賞櫻賞和歌

法菜和魂 COMME CI COMME CA

美味度：★★★★★
環境舒適度：★★★★

去日本當然要吃日本料理，但是，請務必也嚐試一下，由日本主廚所做的法國菜！

日本的法國菜，勝於亞洲各國，連自視甚高的法國人，也不得不刮目相看。法國菜與日本菜，是兩個世界的絕頂美味：法國菜極繁，日本菜極簡；法國菜是「火」的料理，日本菜是「水」的料理。日本主廚做的法式料理，學到了法國菜的濃厚，卻沒有捨棄日本菜的清淡，而近年料理世界中食材與觀念的交流，也開始讓全世界的法國菜，吹起了陣陣和風。

雖然法國料理對日本飲食的影響，在歷史上晚於葡萄牙、荷蘭，但是法國料理畢竟是西方世界中的美食之王，約在明治十年，法國料理取代日本料理，一躍成為宮中正式餐會的料理型態。這種轉變固然出於外交上的考量，但自明治時期後，法國料理在民間普及的速度，仍然高於其他異國料理，直到今日，許多日本情侶想要來個浪漫的約會，選擇的必是法式餐廳。

不可諱言地，東京仍然是日本各地法國菜表現最出色的地方，二〇一四年米其林東京版，就有五十家法式餐廳上榜，數量之多，令人咋

右：炭烤白金豚，豚肉嫩火侯恰到好處

左：「comme ci comme ca」的季節野菜燉仔羊，是鑄鐵鍋料理

右：沒想到京都人氣第一的法國菜館，外觀如此低調不起眼

左上：這不是南瓜湯，是紅蘿蔔湯

左下：看來平凡的奶酪，竟是櫻花口味

舌；客觀來說，京都的法國菜水準，不及東京，二〇一四年米其林京都版，京都上榜的法式餐廳只有四家。

不過，京都有一家法式餐館「comme ci comme ca」（コムシコムサ），在日本人心目中的評價，遠勝於那四間星級法式餐廳！它在「食べログ」的分數高得驚人，是排名第一的法式餐廳，讓我十分好奇，二〇一四年赴京都賞櫻時，便預約了它最被讚賞的法式午餐。

「comme ci comme ca」只接受一個月內的預約，換句話說，你想訂十月二日的位子，只能在九月二日以後打電話去訂位，太晚會訂不到位子，太早又不接受訂位，還好它的電話不太難打，算好時間，我竟然如願地訂到了！

位於東山二条附近的「comme ci comme ca」，在一幢公寓大樓的一樓，招牌印在一片小小的玻璃上，一不小心就晃了過去，低調到不行，從外表看，很難相信它會是京都人氣最高的法式餐廳。

但是進門之後，疑慮煙消雲散！沒錯，它確確實實是個小餐館，吧台式的座位加上二、三張桌子，沒有豪華的裝潢，卻溫馨可人。這家餐廳只有三個人：主廚、徒弟、女服務員，但從出菜到應對，都非常親切；不少人批評這家餐廳訂位規矩多，實際造訪，方知它的規矩全肇因於位子少、人事超精簡。

就像鄰家的小餐館一樣，「comme ci comme ca」的服務員只會講日語，不過不用擔心語言不通無法點菜，因為這裡只提供一種午餐，但主菜有三種可以任選，等到開始上菜之後，我終於知道，為什麼這裡會成為京都人氣第一的法式餐廳了！

許多餐廳在設計午間套餐時，為了降低售價，不是減少道數就是把食材降級，但這裡的午餐，四千日圓，不但提供兩道前菜、湯、主菜、甜點共五道式的餐點，連飯後咖啡所配的軟糖小點，也沒有省略，而且所用的食材非常大方。

更重要的是，每一道菜都一絲不苟，像這天的冷前菜，乍見時有些訝異，正狐疑怎麼這麼好，除了生火腿沙拉之外，還有鵝肝醬？這時，年輕的廚師笑著介紹：「這是雞肝醬！」雖然為了節省成本用的是雞肝，但是主廚手藝高超，仍然香醇濃郁，光是這樣的巧思，就值得讚賞。

熱前菜是海鮮焗烤，白醬做得很高雅，奶味並不會太重，裡面有蝦、蟹肉、魚肉，配上通心粉，並不馬虎。湯品也有創意，看起來像南瓜湯，其實是紅蘿蔔湯，上面還灑了點「Blue cheese」，更添風味。主菜我們一個選仔羊，一個選白金豚，兩種都很入味，「季節野菜燉仔羊」還是可愛的鑄鐵鍋料理呢！

我坐在吧台的位子，兩位師傅的工作盡收眼底。輪到甜點登場，年輕的師傅拿出一個盒子，小心翼翼地以杯子容器挖奶酪，倒扣在玻璃盤上，就在容器離開的一瞬間，奶酪塌了！我差點笑出來，只見年長的主廚瞪了徒弟一眼，歎口氣，出手重新裝盤……。而當奶酪入口的那一瞬間，竟立即化開了，原來不是徒弟手拙，實在是這奶酪太軟太嫩；更叫人驚訝的是，看來平凡無奇的奶酪，竟有股淡淡的櫻花味，此時正是櫻花盛開的季節，京都的法國料理，一樣染上了季節的色彩。

超值、美味，難怪「comme ci comme ca」會那麼受歡迎，京都人，實在太精明了！

上：「comme ci comme ca」雖然很小，但溫馨可人

下：主廚手藝高超，所做的雞肝醬不輸鵝肝醬

info

comme ci comme ca
地址：京都市左京區東山二条西入正往寺町462-2インペリアル岡崎1F
電話：075-771-0296
營業時間：12:00-13:00，18:00-20:00，週一、二休，週三僅晚上營業
價格：午餐4,000日圓，晚餐8,000日圓起

飯後散散步

在細見美術館見識京都的綺麗

從「comme ci comme ca」沿著二条通往東走不到5分鐘，有一幢私營的美術館——細見美術館，是日本古美術的重鎮，收藏許多平安及鎌倉時代的佛像、室町時代的畫作，以及桃山時代的茶碗，但最受矚目的，是江戶時代的繪畫流派「琳派」的收藏。

琳派的代表性人物包括尾形光琳、伊藤若沖等人，有趣的是，尾形光琳與伊藤若沖都是出身於京都的商賈之家，畫風構圖大膽，筆法細膩、善用金銀粉的風格非常華麗，由於琳派畫風裝飾性極強，許多日本當代的藝術家，如岡本太郎、村上隆等，都自承受到琳派畫風的影響，因此琳派也被認為是日本現代設計的先驅。

在京都旅遊，看各種說明文字，常會見到「綺麗」二個字，想要了解什麼叫「綺麗」？到細見美術館走一趟，就會知道了！

右：美術館利用天井做為室外的咖啡館

左：細見美術館以「琳派」的收藏最受矚目

結合茶道與花道的京料理 建仁寺祇園丸山

美味度：★★★★
環境舒適度：★★★★★

京都料亭何其多，每一家都有自己的故事，但是「建仁寺　祇園丸山」格外吸引我的原因，是它的「美」。

位於建仁寺南側八坂通的「建仁寺　祇園丸山」，是一幢數寄屋式建築，很美；灑過水，象徵已經準備好迎客的門庭，很美；掀開門帘後，爐子上烹著一只鐵壺，映著後方小小的庭院，很美；個室裡「床之間」的掛軸，櫻花似雪，很美；特製的純米吟釀以青竹為酒器，也美。

更美的是，主廚丸山嘉櫻的料理。

祇園丸山並非具有百年歷史的料亭，但是主廚丸山嘉櫻歷練於「高台寺土井」、「菊乃井木屋町店」後，又擔任「高台寺和久傳」的料理長。一九八八年，他以自己的姓氏為名在花見小路開了祇園丸山，十年後再於建仁寺南側

主廚推薦料理「金箔光琳盛り」，命名源自琳派大師尾形光琳

設了「建仁寺 祇園丸山」，兩家餐廳步行距離只有五分鐘，卻都拿下了米其林二星。

我用餐的包廂是進門後的第一間個室，正好可以看見小小的庭院，當時只覺得這棟小巧的建築布置得很有氣質，後來看到日本女作家麻生圭子的《小巧京都食導覽》，才知道原來這是模仿裏千家著名的茶室「又隱」而建。

在用餐開始之前，除了送上櫻茶外，還有一只紅色淺碟，那是茶會中喝酒所用的「引盃」，看我這個外國人有點手足無措的樣子，女中便教我們持杯飲酒的禮儀，過程煞是有趣。

丸山嘉櫻的料理，不只結合茶道精神，還有花道的色彩；許多懷石料理常用天然植物為盤飾，但這裡的花葉不只是配角，更是視覺的主要焦點。例如，「先附」用筍殼為皿、綠葉為墊，主、副層次明顯，置於藤籃、石頭之上，是精心設計的野趣；掀開筍殼，竹筍、蠶豆、螢烏賊等各式小菜僅川燙，以清淡做開場。

丸山嘉櫻對書畫亦頗有心得，「前八寸」取名「金箔光琳盛り」，一聽名字就知道，是取自江戶時期「琳派」代表人物尾形光琳之意。

右：以竹葉為墊筍殼為皿，帶有野趣，紅色的淺碟是「引盃」

左：「建仁寺 祇園丸山」仿裏千家茶室「又隱」而建

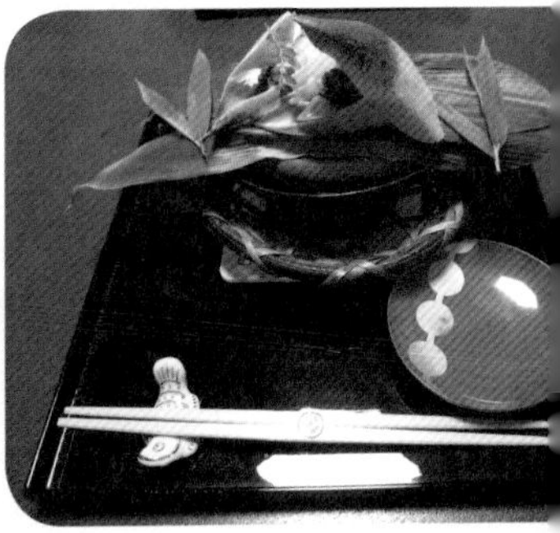

右：燒物有竹筍、諸子、海苔麻糬，份量很多

左：新鮮海苔微炙後包麻糬，吃一個就飽了

尾形光琳作品喜歡以金為底，金色竹葉的「光琳盛」上放著小鯛、百合根等好幾樣小菜，還有手毬壽司，的確一如尾形光琳華麗的畫作。

「建仁寺　祇園丸山」每一道料理都很精采，而且毫不吝嗇，春天的竹筍與秋天的松茸，都是無法人工種植的野生時蔬，價格並不便宜。但今天的主廚推薦料理中，前菜、生魚片，都看到京筍相伴，無渣無澀又鮮美，後來更直接剝了一隻用炭火直烤，讓愛吃筍的我，滿足得不得了。

更有趣的是，還有「live show」可以看！在吃お椀（清湯）時，一位年輕的師傅走進庭院開始用炭爐升火，等到吃生魚片時，炭已經燒紅了，這時他拿出一個玻璃水缸，裡頭還有好幾條產自於琵琶湖的「諸子」（モロコ，柳葉魚）。「子持ち諸子燒」是琵琶湖名物，春天的諸子產卵於水草間，但後來琵琶湖產量銳減，因此價格飛漲，現在只有在京都高級的料亭中才吃得到；「建仁寺　祇園丸山」端出了這道菜，直到炭烤的前一刻，魚兒還在水缸裡游來游去。

師傅將諸子做成鹽燒與醬燒兩種口味，鹽燒

的還可沾醋味噌與木之芽醋來吃；吃完鹽燒再吃醬燒，口味更濃重些。於此同時，又烤了竹筍、海苔麻糬，吃完燒物，老實說，已經覺得飽了。

但這只是一半而已……

緊接著登場的是「丸鍋」。關西人把土鍋鱉湯稱為丸鍋，與中國相同，日本自古以來視鱉湯為滋補聖品，土鍋耐高溫，所以煮鱉湯，一定要用土鍋。丸鍋的湯頭濃稠帶

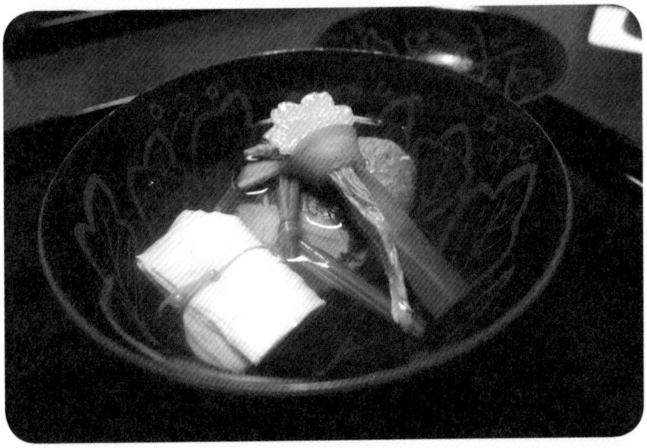

上：「建仁寺 祇園丸山」雖小卻見巧思

中：お椀（清湯）味美、色美、器也美

下：醬燒口味的諸子，味道較重

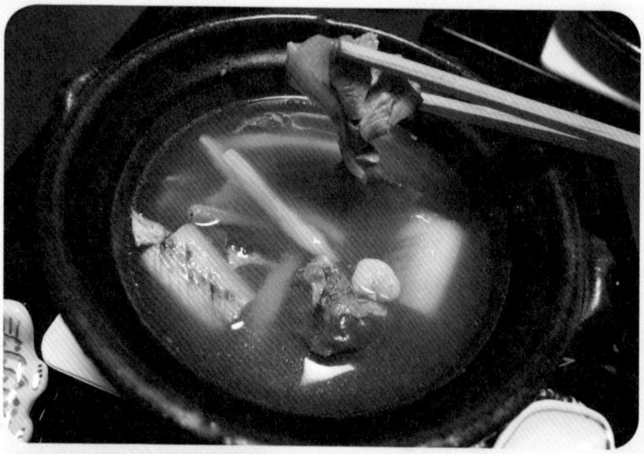

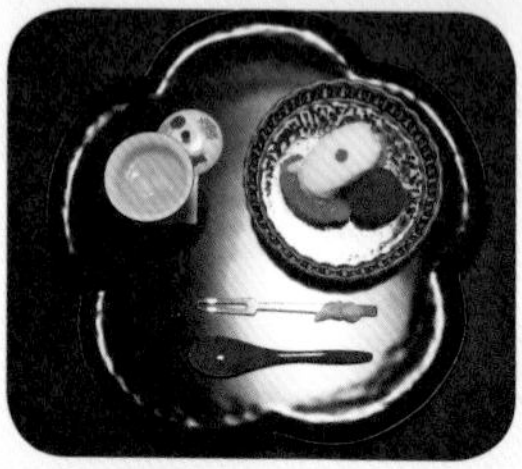

右：師傅從水缸抓魚現場炭烤
左：關西人稱鱉湯為「丸鍋」
下：最後的水菓子，一樣那麼美

生薑味，加上烤過的蔥段、生薑麩，果然是養顏美容的湯品！隨之而後，又是一道華麗的珍味組合，這次是以水果為視覺焦點，金色的扇盤上有紅色的番茄，挖空的柑橘裡頭有生、煎兩種干貝，另外還有魚卵與胡麻醬拌的蔬菜。

等到拌著芹菜的冰魚炊飯上場時，我已經投降了……

離開「建仁寺　祇園丸山」，走在熱鬧的花見小路上，我突然有一種感覺，從空間、視覺到滋味，主廚丸山嘉櫻把自己對於茶道、花道、書畫、陶藝的修養，都融入了料理之中，我不只是吃了一席盛宴，還吃進了京都文化的縮影。

丸山的企圖心好大啊！他似乎期望客人，能夠藉由品嚐京料理的機會，從此愛上京都。

info

建仁寺　祇園丸山
官網：http://www.gionmaruyama.com/
地址：京都市東山區小松町566-15
電話：075-5611-9990
營業時間：11:00-14:00，17:00-21:00，不定休
價格：
午：懷石7,452日圓起（完全預約制），主廚推薦料理31,050日圓起
晚：懷石12,420日圓起，主廚推薦料理31,050日圓起。要預約，可刷卡

飯後散散步

祇園繁華中的清靜地——建仁寺

建仁寺就在花見小路的盡頭，但說也奇怪，來了京都好幾次，就是沒走進過建仁寺，要不是這一次為了吃「建仁寺祇園丸山」，恐怕還不知道這繁華地中竟有一座不小的清靜寺院。

建仁寺與茶道的關係很深，奈良時代的遣唐使雖然把茶帶進了日本，但當時喝茶的文化並沒有在日本普及，直到鎌倉時代的榮西禪師從南宋留學回到日本之後，傳入了抹茶的泡法與飲用方式「點茶法」，隨後在京都開創建仁寺；建仁寺成了京都最初的禪寺，日本人亦將榮西禪師視為茶道的始祖。

為了推廣茶道，榮西禪師寫的《喫茶養生記》，開宗明義便言明：「茶乃養生之仙藥，延年益壽之妙方。茶若生於山谷中，其地則靈，人若飲之，人壽則長。」藉由禪僧的傳播，武家與貴族興起了喝茶的風潮，非常流行舉辦茶會，還常常「鬥茶」，以遊戲比賽的方式，來品評各種茶的風味並猜測產地。

當時的茶會常與酒宴一起舉行，根據室町時代《喫茶往來》的記載，往往一開始先飲三杯酒，接著享用簡單的料理，最後再品茶一決勝負，遊戲結束後再繼續喝酒。

榮西禪師最後在建仁寺圓寂，因此建仁寺還保留榮西禪師的墓所，附近還有茶碑與茶苑，象徵榮西禪師對於茶道的貢獻。

上：花見小路走到底就是建仁寺

下：茶道始祖榮西禪師墓所

Menu

《老鋪弁當精選》用五分之一的價格吃到料亭的美味

京都料亭總是引人垂涎，但動輒三萬日幣以上的價格，實在令人肉痛，想要一嚐料亭華麗的京料理，又不想讓荷包大失血，老鋪料亭特製的弁當，是個不錯的選擇。

京都是個適合野餐的地方，在圓山公園的櫻花下，或是到鴨川左岸遠眺東山；買個老鋪弁當、一罐綠茶、幾個和菓子，就可以度過一個悠閒的午後。

更方便的是，京都車站旁的伊勢丹地下二樓、四条河原町的高島屋地下一樓，與京都幾家名料亭合作開闢「老鋪弁當」賣場，讓人不用來回奔波，直接在百貨公司就可以買到數家京都名料亭特製的弁當。

兩家百貨公司所合作的料亭弁當大致相同，也可以上網訂購，價格在三千到五千日圓不等，幾乎是在料亭內用餐價格的五分之一！當然，與一般的惣菜（家常菜）弁當相比，名料亭的弁當還是比較貴，畢竟，其精緻度與豐富性，是惣菜弁當無法比擬的。

伊勢丹地下2樓老鋪弁當賣場販售多家知名料亭的特製弁當

info

京都高島屋：http://www.takashimaya.co.jp/kyoto/index.html
京都伊勢丹：http://kyoto.wjr-isetan.co.jp/

「菱岩」弁當需二天前預約

info

菱岩
預約時間：二天前，週日及每月最後一個週一休
領受時間：11:30以後
賞味期限：需在當天21:00前吃完
價格：單層弁當4,890日圓

專營「仕出料理」的菱岩，是京都人氣第一的弁當

人氣第一的老鋪弁當

菱岩

比較起其他老鋪料亭個個都有米其林星星的加持，「菱岩」的名氣雖無法與之相比，但它卻是京都人氣第一的老鋪弁當，實際吃過之後，我也認為菱岩的弁當能讓那麼多人喜愛，確實有道理。

京都有所謂「仕出料理」，指的是外送的料理；過去京都商家在喜慶的日子，習慣叫外送的料理來家裡享用，且京都的花街文化中，「茶屋」只提供場所、安排酒食與藝妓，本身並不做料理，而專營這種外賣料理的店家便是「仕出屋」，因此茶屋會請仕出屋，把做好的料理送來茶屋給客人享用。創業一百八十年、位於新門前通的菱岩，便是專營仕出料理的老鋪。

做慣了仕出料理，菱岩的弁當不論在色彩、味道的搭配，皆有其獨到之處。考慮到客人吃的時候飯菜已變冷，所以「冷的時候要好吃」是弁當菜追求的最高原則，因此菱岩的弁當以燉煮料理、烤物、醋物為主，味道也比較濃厚，不用炊飯而用味道清爽的青豆飯，顯然道理即在此。

想吃菱岩的弁當，得在二天前預約，許多日本人到京都玩，回程時會特地預約菱岩的弁當在新幹線上吃，果然是豪華又有京都Fu的火車弁當！

好吃得不得了的鯛魚散壽司

高台寺和久傳

「和久傳」在京都有好幾家，每一家有不同的料理長，風格定位亦不相同，米其林二星的「高台寺和久傳」，走的是料亭路線，是風評最好的一間。我在查詢京都伊勢丹的網站時，只看到「紫野和久傳」，並沒有「高台寺和久傳」的弁當，但到了老鋪弁當專櫃時，竟看到高台寺和久傳也有一款二段折（二層）的弁當，當下立刻更弦易轍了。

高台寺和久傳的二段折弁當，一層是鯛魚ちらし（鯛魚散壽司），一層是各式京料理的小菜，兩層的弁當，果然比一層的豪華許多！以燉煮物、醃漬物及炸物所做的各式小菜，各有各的滋味，雖也好吃，但更迷人的是「和久傳」獨家祕製的鯛魚散壽司。

一般在關東地區所吃到的散壽司，上面鋪的多半是生鮮的魚貝類，關西地區常吃的「五目散壽司」，配料多半是熟食，還可以加熱回溫，因此京都壽司店只有在冬天才會賣散壽司。但是「和久傳」這獨家研製的鯛魚散壽司，卻另有獨到之處，鯛魚薄切淺漬過後，鋪在以高湯、醬油炊煮過的米飯上，再灑上櫻花，色澤淡雅，味道洗練，讓人一口接一口，根本停不下來。

「紫野和久傳」也有鯛ちらし弁當，售價比「高台寺和久傳」稍微便宜一些，除了配菜的差異外，鯛魚淺漬的顏色也深一些，但系出同源，下次再來試試看吧！

info

高台寺和久傳
預約時間：三天前，週日休
領受時間：15:30以後
賞味期限：需在當天20:00前吃完
價格：二段折弁當5,400日圓

「高台寺和久傳」的二層弁當得三天前預訂

充滿京都風情的鯛魚散壽司弁當

右：掀開蓋，好像珠寶盒

左：邊賞櫻邊吃手毬壽司真浪漫

info

花梓侘
除北山本店外，僅京都伊勢丹地下2樓老鋪弁當賣場有售
領受時間：11:30以後，售完為止
賞味期限：需在當天吃完
價格：10貫弁當1,944日圓，15貫弁當2,916日圓

在櫻花下學舞妓吃手毬壽司
花梓侘

京都有五條花街：上七軒、先斗町、宮川町、祇園甲部、祇園東；獨特的花街文化孕育出許多美食，手毬壽司就是其中之一。

一顆顆圓圓的手毬壽司，整齊地排列在盒內，像個珠寶盒般可愛極了！傳説這種手毬壽司，是為了讓舞妓的櫻桃小口，能優雅地一口吃下去，才故意捏成這種圓形。

北山地區靠近京都府立植物園的「花梓侘」，是日本旅館達人柏井壽的妻子所經營的餐廳，所做的手毬壽司種類豐富，很獲好評。只是北山距離稍遠，所幸，花梓侘在伊勢丹地下二樓老鋪弁當區內，每天限量販售花梓侘手毬壽司弁當，我買了一個十貫的弁當帶著，逛到木屋町通、看到滿開的櫻花時，便隨意找了張石椅坐下來野餐。

花梓侘的手毬壽司使用的是紅醋，味道比較酸一點，十貫的手毬壽司葷、素都有，我學著舞妓想要一口一個手毬壽司，頓時發現，舞妓的嘴還真大！

成就京都國民美食的白色家族

在日本農林水產省舉辦的鄉土料理票選活動中，當選代表京都府的鄉土料理是「京漬物」與「賀茂茄子田樂」。其他得票數較高的名單中，有御番菜、湯葉、湯豆腐、千枚漬、鯖魚壽司、山椒小魚……，突然之間我發現，京都人喜愛的國民美食，基本上是白色一族嘛！

「華麗的京料理是給觀光客吃的，京都人其實很節儉，平常吃的都是一些很便宜的東西！」每次去京都前，在打聽京都有什麼好吃的東西時，我常常會聽到這樣一句話。

是啊！華麗的京料理，如高不可攀的美人，只能偶爾一睹風采，平常還是得對著自家的黃臉婆；黃臉婆雖無傾城傾國之貌，卻和藹可親，正如庶民料理的家常味，平凡，卻百吃不厭。

那麼，京都料理中的家常味是什麼？或許可從二〇〇七年，日本農林水產省所舉辦的鄉土料理票選活動，一窺端倪。

當選代表京都府的鄉土料理是「京漬物」與「賀茂茄子田樂」。常見的京漬物有柴漬、千枚漬、酸莖漬等，「賀茂茄子田樂」則是把賀茂茄子過油後，抹上白味噌、味醂、酒、砂糖混合的味噌醬，是七月祇園祭時，常見的一道料理。

進一步看其他得票數較高的名單，有おばんざい（御番菜，即京都家常菜）、湯葉、湯豆腐、千枚漬、鯖魚壽司、山椒小魚……，突然之間，我發現，京都人喜愛的國民美食，基本

京漬物是京都代表性的鄉土料理，以白色根莖類野菜占大宗

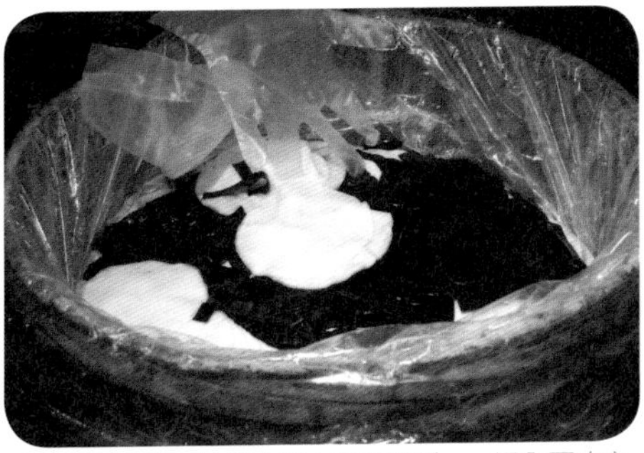
「村上重本店」的千枚漬不加防腐劑，一週內要吃完

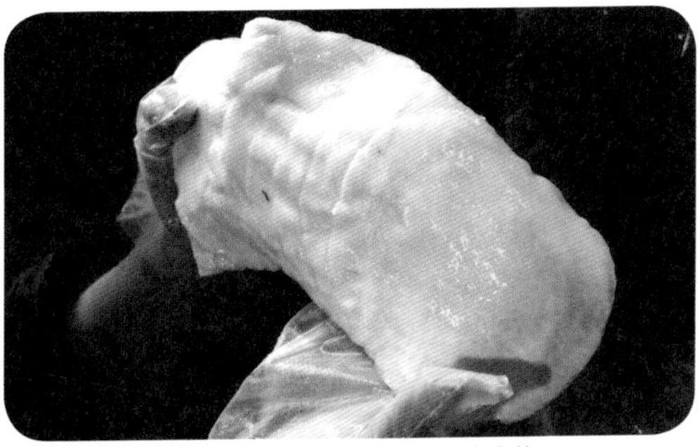
用聖護院蕪菁做的千枚漬，是京都秋冬的名物

上是白色一族嘛！

毫無疑問，湯葉、湯豆腐，當然是白色的。京都豆腐名滿天下，豆腐老鋪何其多，嵯峨的「森嘉」、山科的「平井」、出町柳的「丁字屋」、大德寺的「小川」、姉小路的「平野」、堺町通的「久保田」、島原的「山田」、北野的「とようけ屋山本」……，這些豆腐老鋪，才是支撐京都許多名餐廳、名旅館豆腐料理的幕後功臣。

我們到京都，為吃豆腐走進名餐廳、名旅館，付出高額消費，但這些豆腐老鋪所賣的各式豆腐、豆皮，其實都很便宜。他們大多只外賣，沒有附設餐廳讓客人現場享用，京都人可以直接去買豆腐回家料理，但觀光客沒辦法，還好，北野的「とようけ屋山本」，為了滿足遠從北海道前來北野天滿宮參拜的高中生，那份「用便宜的價格，吃到好吃的湯豆腐」的願望，於是開了「とようけ茶屋」，造福了所有觀光客。

京漬物中，有許多白色家族的成員：千枚漬用的聖護院蕪菁、酸莖漬用的酸莖菜，用的都是京都引以為傲的京野菜；細數「京都傳統野菜」中，光是白色的根莖類蔬菜就有十四種，並且多用來做成漬物。京都人的日常生活中，只要有漬物、山椒小魚這類的東西，就可以扒光一碗白飯！

白飯好吃，就會有一種幸福感，日本各地都有好吃的白米，但是像八坂神社前的「米料亭八代目儀兵衛」，對於白米飯講究到如此痴迷的地步，卻不多。「米料亭」並不拘泥於稻米的產地，畢竟在氣候暖化的變異下，傳統好吃的稻米產地，每年會產生微幅的變化，所以「米料亭」每年都要試吃新米，取各家之所長，配出理想中甘、黏、Q度均佳的白米飯，連煮出來的鍋巴，其焦脆程度，都要精密計算。

從白米飯變化而來，最具代表性的日本料理就是壽司。台灣有很多人愛吃握壽司，但握壽司是屬於江戶的料理，到了京都想吃壽司，就該試試屬於京都的鯖棒壽司，或是關西風的箱壽司。

在關東看到的「鮨」，在關西寫成「鮓」，都是壽司的意思；近江名產「鯽魚壽司」，據說是最接近日本最古老壽司的原型：把從琵琶湖捕到的鯽魚去除內臟後，先用鹽醃一個月，再放進米飯中重壓數月之久，利用乳酸發酵，就像藍乳酪、臭豆腐般有股特殊的臭味，喜歡的人為它發狂，討厭的人退避三舍。以此觀之，箱壽司、鯖棒壽司，就像鯽魚壽司的改良版，比握壽司更接近日本傳統的壽司。京都隨處可見鯖魚壽司，有些腥味太重讓我敬謝不敏，不過，京都歷史最悠久的「いづう」與系出同源的「いづ重」，所做的鯖魚壽司，不但沒有腥味，而且味道柔和。

白米飯延伸出來的茶泡飯，方便易食，深受平常忙碌的京都商家喜愛。茶泡飯配料可簡可繁，就像日劇《深夜食堂》裡的茶泡飯三姐妹「鮭魚、梅干、明太子」，各有所好，但我們是觀光客嘛，總想吃些特別的茶泡飯，鯛魚茶泡飯，豈不更具京都氣息？

鯛魚可說是白色家族中的王者！談到魚，雖然現在鮪魚價格高昂，但是京都人喜愛淡雅的白肉魚，更甚於氣味強烈的紅肉魚，在京都人的心目中，鯛魚清淡卻帶有咬勁，比軟綿的紅肉魚多了份從容的堅持。在運輸不發達的年代，魚肉組織細密的鯛魚較不容易腐壞，更受京都的王公貴族喜愛，特別是三月到五月的「櫻鯛」，肉色粉紅，剛好與盛開櫻花相呼應；嵐山的「鯛匠HANANA」，以漸進式的吃法來吃鯛魚茶泡飯，一次可享三種風味，是鯛魚茶泡飯的進化版。

「鯛匠HANANA」的鯛魚茶泡飯，有3種風味

用白味噌醃製的「西京燒」，令人難以抗拒

右：白糸昆布盛行於京阪地區，多加在湯麵中

左：昆布柴魚湯底的烏龍麵，是京都道地國民美食

日本料理不能沒有味噌，京都的白味噌氣味輕、口味甜、鹽分較低，相較於顏色較深的赤味噌或田舍味噌，我更喜歡用白味噌煮的味噌湯。明明是用米、大豆發酵而成，但白味噌煮出來的味噌湯，卻有股溫潤的奶油味；京都人過年吃的「雜煮」，加了塊象徵神鏡的圓形年糕，味道更濃稠，奶油味也更加明顯。

用白味噌醃漬的「西京燒」，是我無法抗拒的一道料理，西京燒可以用的魚類很多，出現在料亭時多是高級的白肉魚，但在「伊右衛門サロン」季節限定的早餐中，竟出現了西京燒，真讓人開心！用的雖是較便宜的鯖魚，但油脂豐富，味道也不錯！

所謂「關東蕎麥麵，關西烏龍麵」，白色的烏龍麵自不會置外於白色家族。京都最常見的烏龍麵，是搭配昆布柴魚高湯的湯麵，冷冷的夜裡來上一碗，身子都暖了起來；京都名店「山元麵藏」的烏龍麵，紅遍台、日兩地，湯頭特殊，麵更是韌性十足，真是一等一的好吃，但只適合願意排隊兩小時的超級愛吃鬼。

京都國民美食的白色魔法，還表現在昆布與醬油。原本黑色的昆布，在京都就變成白色的白糸昆布（とろろ昆布），放進麵湯裡更添風味；更不要說黑乎乎的醬油，京都人所用的淡口醬油，有「白醬油」之稱，一六六六年，播磨（兵庫縣）龍野開始生產的淡口醬油，因為顏色較白，用於燉煮也不會把食材變黑，很適合京都料理重視食材原色原味的呈現。年輕的「豬一」拉麵，就有白醬油湯底的拉麵，還可以自行添加白糸昆布，堪為京風拉麵的代表。

京都國民美食當然不只有白色家族，但是從白色家族開始吃起，可是直攻京都國民美食的心臟呢！

噴出肉汁的漢堡排
グリル小宝

美味度：★★★★
環境舒適度：★★★

幾年前在我的日本老師家，看到茶几上放了一本《家庭画報》，那一期介紹了幾家京都的人氣餐廳，我翻了翻，心想，剛好要去京都，便隨手記下雜誌上所介紹的餐廳。

《家庭画報》是日本歷史悠久的婦女雜誌，自昭和三十三年（一九五八年）創刊以來，以家庭主婦為主要讀者群，從美食、旅遊、藝術等生活層面，傳遞著各種「美」的訊息，不但歷年來獲獎無數，在市場與口碑上，都深受肯定。

「グリル小宝」就是那期介紹京都人氣餐廳的專題中，所介紹的第一家餐廳，推薦的餐點，竟然是漢堡排與蛋包飯。

很奇怪吧？

一般人想到京都，腦中浮現的畫面是藝妓的背影走在町家小路中，就算想到吃，也應該是水嫩嫩的京野菜或是素雅的豆腐，但是《家庭画報》首先推薦的，竟然是「洋

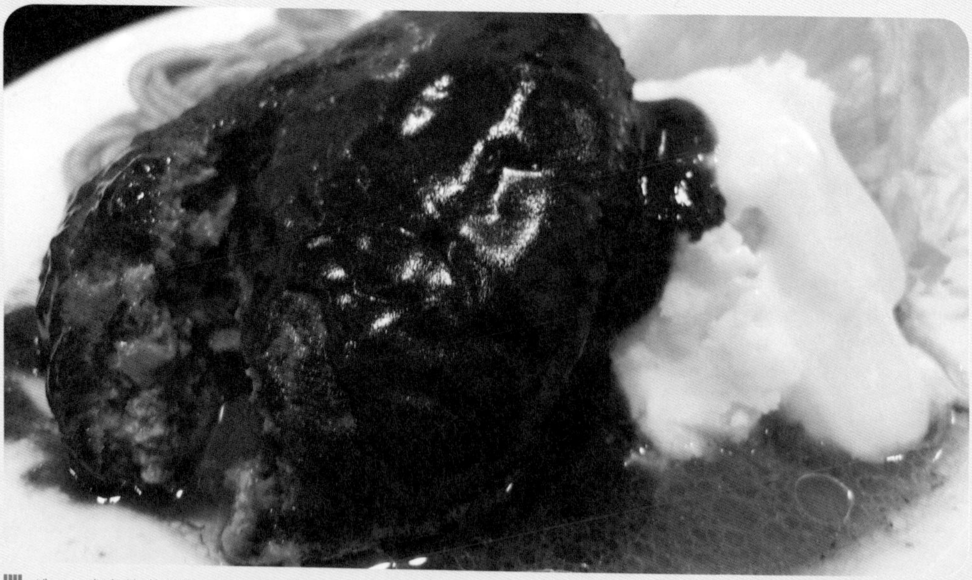

グリル小宝的漢堡排，切開第一刀，肉汁便咕嚕咕嚕流滿盤

補充維生素，點份野菜沙拉吧！

牛肉燴飯也是「グリル小宝」的人氣餐點

蛋包飯淋上的牛肉醬汁花了二星期熬煮，好吃極了

食」？

這讓我對「グリル小宝」格外好奇，隨後的京都行特地跑去吃，這一吃，不得了，「グリル小宝」竟然成為我後來每次去京都，一定要報到的地方，而且只要有朋友到京都，我一定強力推薦：「別忘了去吃小宝，它的蛋包飯與漢堡排，又便宜又好吃！」

「グリル小宝」裝潢雖然不豪華，但是整齊清爽，就像是尋常百姓會造訪的家庭洋食餐廳，你想得到的「洋食」，從蛋包飯、炸豬排、三明治、炸魚排、義大利麵、牛排、漢堡排……統統都有，種類豐富，也因此吸引了不少觀光客前來。

日本的洋食，是日本人個性中開放與固執的縮影。西洋料理要走入尋常百姓家，總得改頭換面一番才能走進孩子們的餐桌，所以印度的咖哩多了甜味；西式蛋餅（Omelette）從法國來到日本，也被加入吃慣的米飯；「維也納煎肉排」更從仔牛肉變成豬肉，烹調方式也從「煎」改成「炸」。

小宝的漢堡排，最令人驚訝的是，一刀切下去，肉汁竟然咕嚕咕嚕流出來，讓我忍不住驚呼：「這到底是在吃漢堡排，還是小籠包？」後來在日本，去其他餐廳吃到漢堡排時，我總愛拿它們與小宝的漢堡排做比較，當然，每次都是小宝勝出。

小宝的蛋包飯，沒有那種劃一刀下去後，整個蛋包散開的表演秀，只是一層平凡無奇的蛋皮，淋上一匙牛肉醬汁，外表看起來絲毫不起眼，但是用番茄醬、青豆與雞肉炒出來的飯，粒粒分明、酸度適中，讓人忍不住一口接一口，直到盤底朝天；那是一種「平凡的好吃」。

真要說有什麼特別的地方，就是它淋在蛋皮上的牛肉醬汁，據說這個店家祕製的牛肉醬汁，是經過二個星期時間熬煮出來的，醬汁沾上蛋皮與炒飯一起入口，讓平凡的蛋包飯有了深度，每吃一口，只覺得韻味猶存。

同樣用祕製牛肉醬汁做成的傳統洋食「ハイシライス」（haishirice，牛肉燴飯），也是店裡的人氣餐點，這種用牛肉、洋蔥、蘑菇、紅酒燴炒而煮的牛肉燴飯，它的起源有好幾種說法，有一說是，它原本是東京老牌洋食餐廳「上野精養軒」，廚師用剩餘的材料所做的員工伙食，因為廣受好評才擺上菜單；另一說則是由丸善企業的創辦者早矢仕有的所發明。

早矢仕有的本來是位醫生，早年投入明治時期著名的思想家福澤諭吉門下，也是福澤諭吉鼓吹牛肉營養論的實踐者。為了幫助病人恢復體力，早矢仕有的把牛肉片再加入蔬菜，做成了適合日本人口味的ハイシライス，時至今日，ハイシライス也像咖哩飯一樣，成為日本人喜愛的代表性洋食之一。

最重要的是，「グリル小宝」不但東西好吃，而且價格經濟實惠，漢堡排、蛋包飯、ハイシライス，每一道我都喜歡，麻煩的是，下次去，到底該點什麼呢？

還真頭痛呢！

info

グリル小宝

官網：http://www.grillkodakara.com
地址：京都市左京區岡崎北御所町46（坐市公車在「動物前」下車，沿岡崎通往丸太町通方向走，在岡崎通上）
電話：075-771-5893
營業時間：11:30-21:45
公休：每週二，每月第二、第四個週三公休
Tips：下午照常營業，建議可開店前去或下午用餐人較少時前去
價格：漢堡排（ハンバーグステーキ，hannbagusteaki）1,700日圓、蛋包飯（オムライス，omurice）900日圓、牛肉燴飯（ハイシライス，haishirlice）1,150日圓、野菜沙拉（ヤサイサラダ，yasai-sarada）1,100日圓（大）

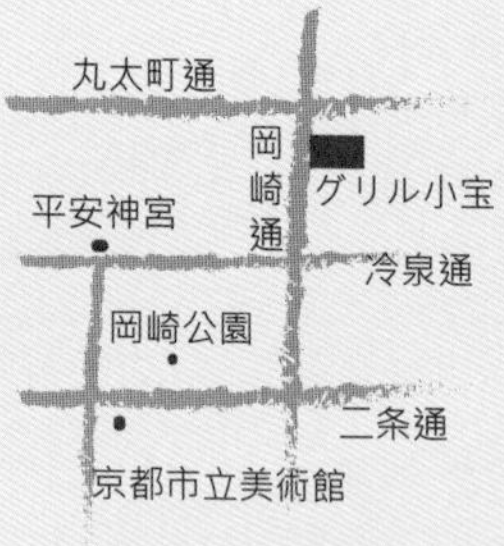

「グリル小宝」是尋常百姓會造訪的家庭洋食餐廳

平安神宮紅枝垂櫻，谷崎潤一郎筆下「紅の雲」

「グリル小宝」位於平安神宮旁邊的岡崎通上，這座綠瓦紅殿的建築，氣派恢宏，理所當然，成為飯後散步的絕佳地點。

平安神宮雖然名氣很大，卻與京都古蹟沾不上邊，它是在明治天皇還都至東京後，於1895年為了紀念平安遷都1100年而捐款所建。

做為平安時代以來傳承千年的古都，京都卻沒有留下任何一座平安時期的宮殿建築，因此，為了重現平安都城的風貌，明治時期的知名建築師伊東忠太，便仿照平安時代的宮殿樣式，打造了平安神宮，所供奉的，是創建平安時代的第一任天皇桓武天皇，與最後一任天皇孝明天皇。

平安神宮除了是每年10月22日時代祭，遊行隊伍抵達的終點之外，南神苑的紅枝垂櫻，還曾經在谷崎潤一郎著名的小說《細雪》中登場。紅枝垂櫻的花期比京都其他地方稍晚，趕搭櫻花末班車的遊人，來平安神宮賞櫻時，別忘了走進南神苑，看看這片紅枝垂櫻，像不像谷崎潤一郎筆下的「紅の雲」呢？

右：平安神宮內的神苑，是京都著名的賞櫻地

左：平安神宮的建築樣式，是仿照平安時期的宮殿所打造

排隊二小時也要吃的烏龍麵
山元麵藏

美味度：★★★★
環境舒適度：★★★

談到麵食，日本人常會說：「關東的蕎麥麵，關西的烏龍麵」，除了蘊含兩地不同的麵食文化之外，亦包含有「關東人愛吃蕎麥麵更甚於烏龍麵，關西人愛吃烏龍麵更甚於蕎麥麵」的意思。

關東人是不是真的愛吃蕎麥麵更甚於烏龍麵？恐怕因人而異，日本有個「博學堅持俱樂部」為了一探關東人是不是真的比較喜歡吃蕎麥麵，發揮追根究柢的精神，以電話登記資料，分別統計東京蕎麥麵店與烏龍麵店的家數，發現東京都的烏龍麵店有四千三百三十間，蕎麥麵店有四千間，烏龍麵店反而比蕎麥麵店來得多！

不過，可以確定的是，關西地區確實是以烏龍麵為主流，在京都還有一家被公認為京都第一的超人氣烏龍麵店「山元麵

右上：紅色的湯頭微辣鮮香

右下：可依個人喜好灑一點柚子胡椒等辛香料

左：冷烏龍麵極長，要用「剪麵夾」剪斷才方便吃

山元麵藏不論何時都大排長龍

藏」，不論任何時候，總是大排長龍，不等上二小時，還吃不到他家的烏龍麵呢！

知道山元麵藏是個人氣名店，第一次去，刻意過了午飯尖鋒時間，想說人應該少了點吧？沒想到，跟我同樣想法的人很多，門口依然大排長龍，那天心急著去其他景點，便放棄排隊。第二次，想說提早在晚餐前去，或許人會少一點吧？沒想到，傍晚五點抵達山元麵藏，還是一樣大排長龍。

只不過，這回我沒放棄，發誓非得吃到這烏龍麵不可，排了一陣子，山元麵藏的工作人員還出來「奉茶」，稍稍舒緩了久候不耐之心。

山元麵藏的烏龍麵真有這麼好吃嗎？花二個小時排隊，究竟值不值得？

實際吃過之後，我的答案是：「很值得！」

山元麵藏的烏龍麵口味很多，但大體而言，分成三種：つけ麵（沾麵）、ざるうどん（竹篩冷烏龍麵）、溫かいおうどん（熱湯烏龍麵）；如果要吃出烏龍麵的高低，冷烏龍麵最佳，但那天的天氣有點冷，因此我和老公兩人，便點了一個熱湯烏龍麵、一個沾麵，沾麵所蘸的湯汁是熱的，麵則選冷烏龍麵。

沾麵上來時，我先不蘸湯汁，吃麵的原味……，天啊，這真的是我所吃過最好吃的烏龍麵！它比任何一家的烏龍麵都更Q、更具嚼勁、更有韌度，麵粉中加了鹽，入口有淡淡的鹹味，卻愈嚼愈甜。我選的是豬肉沾麵，蘸上湯汁雖也好吃，但不蘸湯汁細細品味卻更有魅力，到最後，有一半的冷麵我都沒蘸湯汁地吃光光。

值得一提的是，冷烏龍麵的麵條極長，隨麵附上的一個黃色小夾子，本來搞不清楚它是幹什麼用的，後來才發現，原來這黃色小夾子是「剪麵夾」，讓你把麵條夾斷，比較方便吃。

熱湯烏龍麵，選的是山元麵藏的招牌「赤い麵藏スペシャル」，是很特別的紅色湯頭，濃厚中帶點辣味，裡頭還有炸年糕與溫泉蛋，配上炸得香脆的牛蒡天婦羅，非常豐富；桌邊另外四個小陶罐，分別是七味粉、一味粉、柚子胡椒與山椒粉，可視個人喜好加一點，更添風味。

不知道是不是對客人排隊排太久感到不好意思，山元麵藏還招待每位客人一小份杏仁豆腐，雖然只有幾口，卻充滿體貼的心意；最讓我覺得不可思議的是，餐後主廚還到每一桌（雖然只有吧台十個位子及二小桌）和客人打招呼、詢問客人是否合口味？有何值得改進之處？

我只看過那些高檔的餐廳，主廚會出來和客人打招呼，一碗不到千元日幣的烏龍麵店，還是第一次遇到哩！

店內很小，只有吧台與二張桌子

info

山元麵藏
地址：京都市左京區岡崎北御所町34
電話：075-751-0677
營業時間：11:00-19:45，週三11:00-14:30，週四及每月第四個週三休，國定假日隔天亦休
公休：每週二，每月第二、第四個週三公休
Tips：下午照常營業，建議可開店前去或下午用餐人較少時前去
價格：豚肉沾麵890日圓，赤い麵藏スペシャル1,155日圓

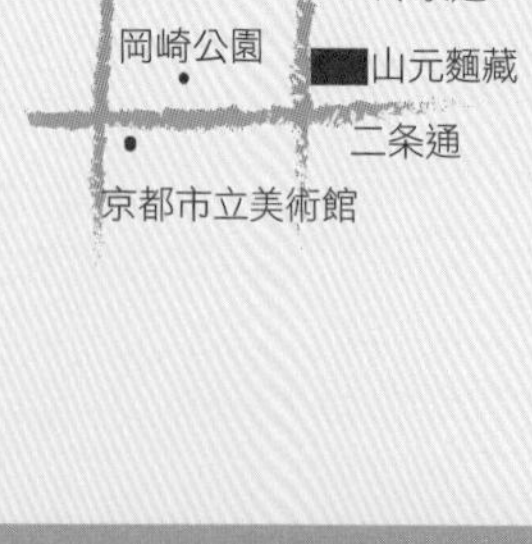

右：京都市美術館前就是大鳥居

左：厚重的和洋建築是前田健二郎設計

大鳥居前的京都市美術館

「岡崎通」這條看來沉靜的街道，就聚集了兩家「京都第一」的餐廳；靠近丸太町通，是京都第一的蛋包飯「グリル小宝」，靠近二条通則有京都第一的烏龍麵「山元麵藏」。山元麵藏隔壁也是一家頗有名氣的烏龍麵店「岡北」，只可惜，這3家餐廳用餐時間都要排隊，但排最久的還是山元麵藏。

山元麵藏離京都市美術館很近，京都市美術館是繼東京都美術館之後，日本第二座公立美術館，自從明治天皇移居東京之後，京都市民曾經相當擔心失去首都地位，繁華不再，因此，趁著後來昭和天皇在京都舉行就職大典的機會大肆慶祝，力圖振興京都經濟，京都市美術館就是在這樣的契機下興建完成。

京都市美術館的建築極有特色，當初「以日式趣味為表現的基調」為主題公開向各界競圖，最後建築師前田健二郎雀屏中選，沉穩厚重的建築和風中帶洋味，整棟建築物以大理石、磁磚、灰泥，依不同場地來變化，很值得一看。

美術館前，就是著名的平安神宮大鳥居，鳥居在日本文化中象徵一種結界，一邊是人，一邊是神，在京都，每次坐公車從鳥居下方駛過，彷彿從人間被帶入了神域。

「おめん」在烏龍麵灑上柚子皮，另搭配多種辛香味的蔬菜佐醬汁

一碗烏龍麵，嚐到六種野蔬的清香

銀閣寺おめん

美味度：★★★★
環境舒適度：★★★

很多人一想到「山元麵藏」要排隊二小時便打退堂鼓，但烏龍麵是關西地區的代表性麵食，怎能不吃？如果怕排隊，又想吃到好吃的烏龍麵，那麼試試看「銀閣寺　おめん（o-men）」吧！

嚴格來說，「銀閣寺　おめん」的烏龍麵，並不是關西烏龍麵最普遍的吃法。關西地區烏龍麵之所以盛行，除了因為從安土桃山時代，鄰近京阪的播磨（現兵庫縣）盛產優質的小麥，適合做成烏龍麵之外，大阪自古便經由北前船取得北海道產的昆布，以昆布做為高湯的素材，更是造就烏龍麵風行的重要關鍵之一。

所以關西地區最常吃到的烏龍麵，是有著昆布柴魚高湯的熱烏龍麵，其中具代表性的，是源自於大阪的きつねうどん（油豆皮烏龍麵**ki-tsu-ne-u-don**）；湯麵上放了一塊用醬油、糖、味醂滷過的油豆皮，簡直是天底下的絕配！明明那麼素，卻有一種吃肉的感覺，讓原本單調的高湯烏龍麵豐富了起來，難怪油豆皮烏龍麵，會成為風行於京阪地區的庶民美食。

「銀閣寺　おめん」並不是賣油豆皮烏龍麵出名，它反而獨創一格，以「藥味」烏龍麵擄獲食客的味蕾。

別誤會！日本所謂的「藥味」料理，不是我們熟悉的中藥藥膳，而是指具有辛香味的食材，例如白蘿蔔、茗荷、蔥、薑、韮菜、芝麻等，常用於涼拌菜或醬汁中，提供清爽的香味或刺激感，亦可增添料理的風味。

「おめん」創業於昭和四十二年（一九六七年），本店在銀閣寺附近，百分之百使用群馬縣小麥製成的烏龍麵，韌勁雖然不及「山元麵藏」，但仍然香滑Q彈。最特別的是它的「藥味」吃法；素白的烏龍麵灑了些柚子皮，已傳來清新的香氣，把黃金芝麻舀一匙在昆布鰹魚醬汁中，再加一點青蔥，麵條沾了醬汁一起吃，這是第一種藥味烏龍麵。

接下來，再把裙帶菜放一點到醬汁中，又多了一種海潮的香氣；再放入白蘿蔔絲，又變成爽脆的口感；這還沒完，再加一點生薑絲，又多了一點辣味。依季節不同，搭配的野菜也不同，但是自己調配各種辛香野菜邊吃邊玩，每一口都是不同的風味，算一算，這一碗烏龍麵，竟可吃到六種「藥味」！

當然，如果你喜歡更刺激一點的口感，還可以灑一些店家自製的辛香粉，從單純的辣椒粉到特製的八味粉，任憑喜好添加。吃法多元有趣，集各種香氣於一身，難怪「銀閣寺　おめん」會受到許多女性客人的歡迎，放眼望去，客人幾乎清一色是女性。

右：店家自製的辛香粉，從一味、赤三味、青三味、八味，有4種選擇

左：烏龍麵店能有如此水準的天婦羅，實屬不易

本店位於銀閣寺附近，很有日式風情

如果嫌只吃烏龍麵太清太素，可以點附天婦羅的烏龍麵，這裡的天婦羅炸功一流，麵衣薄脆不油膩，烏龍麵店的天婦羅能有這樣的水準，誠屬難得。

對於觀光客而言，「銀閣寺　おめん」的另一個優點是，在京都的三家店鋪，銀閣寺本店、先斗町店、高台寺店，都是遊京都必訪的景點，而且下午沒休息；遊逛京都常讓人錯過該吃飯的時間，這種下午照常營業的餐廳，最貼心了！

附帶一提，如果你在日本看到「饂飩」兩個字，可別以為是我們常吃的溫州餛飩、菜肉餛飩，日本「饂飩」發音為udon，指的就是烏龍麵。香川縣流傳，烏龍麵的製法是空海大師從唐朝學會後傳入日本，但也有一說指出，烏龍麵是起源於唐朝一種名為「混沌」的點心，傳入日本幾經演變之後，寫法就變成了「饂飩」。

不管烏龍麵的起源為何，切記可別因為想吃「餛飩」而點了「饂飩」，如果看到端上來的是烏龍麵，覺得貨不對版而發火，可就貽笑大方了！

info

銀閣寺 おめん
官網：http://www.omen.co.jp
地址：京都市左京區淨土寺石橋町74
電話：075-771-8994
營業時間：11:00-21:00，週四不定休
Tips：下午照常營業，建議可開店前去或下午用餐人較少時前去
價格：おめん1,150日圓，附天婦羅的おめん1,850日圓

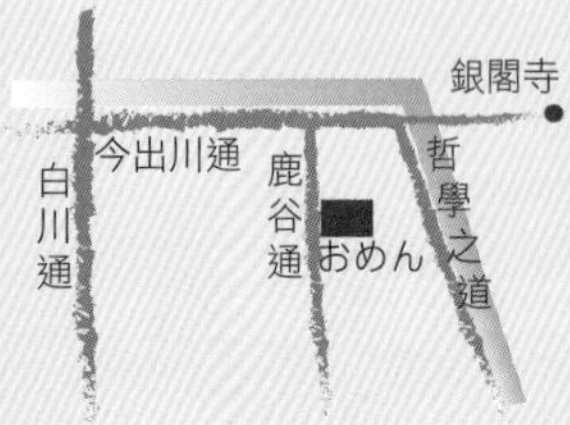

飯後散散步

銀閣寺的「銀」在哪裡？

銀閣寺與金閣寺齊名，許多人看了貼了金箔的金閣寺，必定以為銀閣寺也貼滿了銀箔，但實際走訪，卻發現俗稱「銀閣」的「觀音殿」並沒有貼銀箔，那麼銀閣寺的「銀」，從何而來？

傳說打造銀閣寺的室町將軍足利義政，原先確實想要效法打造金閣寺的祖父足利義滿，使用銀箔來裝飾「觀音殿」，但是適逢長達11年的應仁之亂剛結束，京都民生凋敝，足利義政仍然不顧民眾死活，執意大興土木關建他的隱居之所「東山殿」；還好東山殿沒建完，足利義政就過世了，現今的銀閣寺只是東山殿的一部分，也許就是因為足利義政過世的關係，銀閣才沒貼上銀箔。

不過，現在所看到的銀閣寺，除了「銀閣」與「東求堂」是室町時代所留下來的建築之外，其他都是江戶時代再建的。銀閣寺原名為慈照寺，江戶時期重新改造時，在銀閣旁以容易反光的白川砂，設計了「銀沙灘」，據說在月光下，銀沙灘所反射的光線會映在觀音殿，變成為「銀閣」，「銀閣寺」這個名稱，也是江戶時期以後才流傳開來的。

銀閣寺令人印象深刻的不只是銀閣與銀沙灘，沿著小徑步向後山，發現山坡上布滿了美麗的青苔，有趣的是，僅僅一牆之隔，牆內青苔遍地，牆外卻一小片青苔都沒有，可見這青苔之美，不知是花了多少人工心血，才細心培育出來的。

右：月光下的銀沙灘，真能把古樸的「銀閣」染上一層銀？

左：從銀閣寺的後山俯瞰銀閣寺與京都市區

かね正

猛火直烤的關西風鰻魚飯

美味度：★★★★
環境舒適度：★★★

日本人習慣在「土用之丑日」（一種以五行、十二支來計算日期的方式，每年日期不定，在夏天會有一到二次）吃鰻魚飯，說是炎熱的夏天，人變得懶洋洋的，此時吃鰻魚飯，最能補充體力、提振食慾。

我一直覺得這種說法很奇怪，因為鰻魚油脂豐富，蒲燒的口味又重，這和夏天想吃些清爽開胃的菜，完全不一樣；況且鰻魚最肥美的季節也不是夏季，而是冬天，但是日本的鰻魚飯店，在夏天卻個個生意興隆。

後來查了資料，發現要在「土用之丑日」吃鰻魚的起源，最廣泛流傳的一種說法是，江戶時期的學者平賀源內，看夏天生意不好的鰻魚店老闆太苦惱，幫忙出的點子，搞了半天，原來是一種行銷手法！

不過，我愛吃鰻魚飯，所以不管任何季節到日本，至少要吃一次鰻魚飯才甘願返台。就像其他食物一

かね正最受歡迎的是鰻魚飯「きん糸丼」

樣，鰻魚飯也有關東風與關西風，兩者在烹調方法與鰻魚的剖開方法都不一樣。

關西風的鰻魚是從腹部剖開，關東風則是將鰻魚從背部切開，會有這樣的差別，傳說是因為關東的江戶是武士群聚之地，「剖腹」容易與「切腹自殺」聯想在一起，為避此忌諱，關東剖鰻魚的方法才從背部剖開。

但關東、關西鰻魚飯最大的差別，還是在於烹調方式的差異。關西是直接把切開的鰻魚用竹籤插好之後，直接在爐火上烤；關東比較麻煩，要先烤、後蒸，蒸完後再拿去烤。正因為關東風的鰻魚有經過「蒸」這一道手續，所以吃起來滑膩柔嫩，關西風的則較為酥脆，坦白說，兩者相比，關東風鰻魚飯確實略勝一籌。

但是到了京都，總覺得應該入境隨俗，找一家關西風的鰻魚飯來吃，創業一百五十年的「かね(kane)正」，就是深受京都當地人喜愛的鰻魚飯老鋪。

「かね正」地處於大和大路四条上，對於觀光客來說，是很方便的地區，但偏偏它處於「京都祇園郵便局」旁邊一條很小的巷弄內，如果不特別留意，一不小心就會走過頭；這條巷子剛好在兩棟建築物之間，巷口看起來很幽暗，大著膽子走進去，就會看到「か

右：別懷疑，從京都祇園郵便局旁的小巷進去才會找到「かね正」

左上：關東關西鰻魚飯烤法大不同

左下：鋪滿蛋皮絲的「きん糸丼」非常受歡迎

ね正」閑靜地佇立在一角。

掀開暖帘開門進去，一張吧台與幾張桌子，小小的「かね正」依然維持素樸的家常氣氛，一點也看不出有百年以上的悠久歷史，也許就是這樣地平易近人，才能陪伴京都人走過長長久久的歲月吧！

「かね正」最受歡迎的是「きん糸丼」（錦糸丼）。掀開碗蓋，黃澄澄的蛋皮絲鋪得滿滿一層，接著像挖寶一樣，撥開第一層的蛋皮絲，第二層是切成長條狀的烤鰻魚，而第三層的飯，已事先拌好了蒲燒醬汁與白芝麻，光吃蒲燒芝麻飯就很好吃，夾上蛋皮絲與鰻魚一起吃，更有滿足感，不到十五分鐘，一碗「錦糸丼」就已碗底朝天。

小小的「かね正」只有三個人，年輕的小姐負責接待，年長的大叔負責烤鰻魚，年輕的師傅忙著拌飯、切蛋皮絲，原來錦糸丼好吃，不只是大叔在爐火前細心地揮汗翻烤鰻魚，蒲燒芝麻飯還是年輕師傅在客人點菜後才現點現拌，難怪會那麼好吃。

如果不習慣吃錦糸丼，也可以點比較傳統的「うな重」。兩大塊鰻魚，平躺在蘸了蒲燒汁的白飯上，比較起錦糸丼迷惑人心的蛋皮絲及拌飯，「うな重」更能直接品嚐出關西風烤鰻魚的焦脆口感，當然，「うな重」的鰻魚份量多，價錢也比較貴。

上：「かね正」簡單素樸，看不出是百年老店

下：「うな重」的鰻魚有兩大塊

info

かね正
地址：京都市東山區大和大路通四条上る二丁目常盤町155-2
電話：075-532-5830
營業時間：11:30-14:00，17:30-22:00，週四與週日休
價格：錦糸丼1,800日圓，うな重2,900日圓，中午不用預約，晚上要預約，只收現金

在新橋通追著藝妓跑

從「かね正」往北走約四百公尺，往東的「新橋通」、「辰己大明神」，與交叉的「白川南通」，這個三角地帶，屬於京都五大花街中的「祇園甲部」，是祇園最富風情的地方，特別是在春櫻盛開的夜晚，只能用「醉人」來形容。

走在新橋通古色古香的石坂路上，一整排保存得極好的茶屋，紅色的燈籠已經亮起，正在拍照時，身旁突然有人像風一般地走過，定睛一看，原來是一位拿著包袱、撐著傘的藝妓啊！說時遲那時快，我和另一位正在拍照的外國人，毫不猶豫地跟在後面追著這位藝妓跑，只為捕捉這花街風情，但這藝妓走得真快，一下子就鑽進一幢茶屋內，消失在夜色裡。

藝妓消失了，新橋通仍在。我與那位拿著相機的外國人相視而笑，哈！這種追著藝妓跑的白痴行徑，就是觀光客在祇園的標準動作啊！

這一排茶屋的盡頭，是「辰己大明神」，小小的神社卻極有人氣，在這裡，看到穿和服的遊客不算稀奇，還有穿著晚禮服、帶著攝影師的新人在此拍婚紗！白川南通這條石坂路，也是極富文學氣息的地方，櫻花樹下的「かにかくに碑」（kanikakuni碑），所刻的和歌是明治時期熱愛祇園的作家吉井勇之作，吟詠的內容，就是這裡潺潺流水邊茶屋林立的情景。這個石碑的所在地，本是文人群聚的茶屋「大友」所在地，只可惜二戰時因為防空演習疏散的關係，白川北側一帶的茶屋，包括大友在內，都被拆除了。

在吉井勇70歲大壽時，吉井勇的作家朋友們，包括大佛次郎、谷崎潤一郎、志賀直哉等，發起在大友舊址建立了這個「かにかくに碑」，成為白川南通的文學地標。

上：在新橋通乍見藝妓的背影

下：位於祇園的「辰已大明神」，常有藝妓、舞妓來參拜

京都再遠不過十八里

いづう

美味度：★★★

環境舒適度：★★★

曾經有一次，我在京都前往金澤的JR火車上，打開從伊勢丹地下二樓買來的鯖魚壽司，坐在我旁邊的日本歐吉桑看到後馬上對我說：「おいしい喔！」數不清在火車上吃過多少種食物，卻第一次有日本人稱讚我買的食物好吃，可見得鯖魚壽司在關西人（特別是上了年紀的歐吉桑、歐巴桑）心目中是多麼美味！

鯖魚壽司，又稱鯖棒壽司、鯖姿壽司，是京都著名的庶民美食。

提到鯖魚，京都人總會提起一句話：「京都再遠不過十八里。」意思是指不靠海的京都，要吃到鯖魚，必需從靠近日本海的若狹國（現在的福井縣西南部）捕獲鯖魚之後，一路翻山越嶺才能運送到京都。古時的十八里，換算成現在的公里數，約是七十五公里，可見得在古代，吃到鯖魚是件多麼不容易的事，而這一條從若狹到京都出町柳的運送道路，也被稱為「鯖魚街道」。

為了防止鯖魚腐壞，古時候若狹人捕獲鯖魚時，必

在「いづう」想嚐多種口味，可以點「京壽司盛合せ」

右：鯖魚壽司是京都代表性的庶民美食

左：我喜歡「燒鯖魚壽司」更甚於「鯖魚壽司」

須先將內臟取出、用鹽水清洗，再放進鋪有竹葉的竹籃裡，用扁擔挑著連夜送往京都，抵達京都時已是清晨；京都米其林二星茶懷石老店「辻留」第二代主人辻嘉一指出，與瀨戶內海的魚相比，若狹的魚較無細緻的口味，肉質也較鬆散，但經此處理之後，肉質大幅提升，美味得令人訝異。

辻嘉一表示，原因在於鹽分滲進了魚肉，鎖住了魚肉的水分，竹葉則可處理流出的水分，而一路上的搖搖晃晃幫助鹽分更加滲透，同時擠壓出更多的水分，「愈新鮮的魚，水分流出的愈多，魚肉甘甜的滋味更等比增加，用若狹的鯖魚製作的鯖魚壽司，之所以能夠迷倒眾人，其祕密就在這裡。」

但那一次在往金澤的火車上，我所吃到的鯖魚壽司（忘了是哪一家），老實說，不太好吃，雖然那時正值深秋，是鯖魚最肥美的季節，每一片壽司的鯖魚既厚、油脂也豐富，但是入口之後，卻覺得腥味很重，醋飯也太酸；因此很長一段時間，我對鯖魚壽司敬謝不敏，反而是在關西空港買的空弁（空中便當）——福井縣的名產「燒鯖魚壽司」，因為鯖魚經過炙烤去除了腥味，中間又夾了層青紫蘇葉，更添清香，所以在我的心目中，一直都覺得「燒鯖魚壽司」比「鯖魚壽司」好吃。

一直到二〇一四年春天，在好奇心的驅使下，我走進京都最古老的鯖魚壽司店「いづう」（i-zu-u），想嚐嚐看它的鯖魚壽司究竟是什麼味道？點了一份「京壽司盛合せ」（包含鯖魚壽司、太卷、箱壽司的綜合壽司），一吃之下，才發現，原來鯖魚壽司真正的魅力是這個樣子！

真的，一點也不腥！取下包覆的昆布後，我本來還有點嫌棄這二塊鯖魚壽司的鯖魚肉不夠厚，但沒想到吃了之後，雖然鯖魚不夠肥美（四到六月為鯖魚產卵期，此時鯖魚脂肪減少，味道也下降，春、秋兩季，雖被認為是鯖魚好吃的季節，但春天鯖魚其實是指一到二月的鯖魚），但是經過處理的鯖魚，甘甜無腥氣，搭配酸味並不明顯的醋飯，有一種成熟洗練的風味。

京都有名的鯖魚壽司店非常多，創業於天明元年（一七八一年）的「いづう」曾經是鯖魚壽司的代名詞，以若狹最好的鯖魚、近江的米、北海道利尻的黑昆布，以及自家特製的米醋，做出來的鯖魚壽司風靡眾人；現在八坂神社前的「いづ重」與東福寺附近「いづ松」，都是從「いづう」暖帘分家出來的。有趣的是，現在「いづう」的店主佐々木邦泰，早年還曾在分家出去的「いづ松」學習如何做壽司，足見京都壽司店家相互扶助的情誼。

不過，「いづう」讓我印象最深刻的，並不是鯖魚壽司，也不是關西代表性的箱壽司，反而是它的「太巻」。它的太巻好大，裡面包的東西雖然很平凡，玉子燒、瓢干、鴨兒芹、大根，但每樣東西都很細心地調味，而且海苔韌性十足，一口咬下去，還咬不斷哩！

當然，箱壽司也很好吃，蝦肉、玉子、穴子、鯛魚，各有各的滋味，從那細緻的味道中，可以吃出「いづう」在每一個環節都兢兢業業，絲毫不敢大意的過程。

因為「いづう」，我從此愛上了京風壽司，那深遂細緻的美味。

info

いづう
地址：京都市東山區八坂新地清本町367
電話：075-561-0751
營業時間：11:00-22:00，週二休
價格：京壽司盛合せ3,834日圓，鯖魚壽司（一條二人份）4,860日圓，可外帶

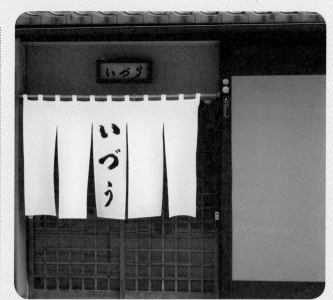

「いづう」曾是京都鯖魚壽司的代名詞

外國觀光客最愛的骨董街：新門前通、古門前通

雖然「いづう」距離白川南通、新橋通、辰已大明神，這個「京都風情金三角」地帶很近，但飯後散散步，可以再走遠一點，過了新橋通再往北走，就是京都古美術店群聚之地「新門前通」、「古門前通」。

西從大和大路，東到東大路為止，兩條並行的新門前通與古門前通，聚集了許多骨董店，從佛教美術工藝、屏風、浮世繪，到古陶磁、漆器蒔絵，各家骨董店的主題都不一樣，吸引許多對日本古美術有興趣的外國人前來，因此每家店都可以用英文溝通、用信用卡刷卡。

我不懂骨董，所以抱著「開眼界」的心態來逛這兩條街，發現這裡除了高不可攀的骨董之外，有些店也有賣小巧可愛的豆皿。

豆皿在古時候是拿來放鹽的小碟，現在則廣泛用來放各種小菜，也可以放果醬，價格從數千日幣到上萬日幣都有，如果對日本骨董有興趣，也許可以從豆皿入手，畢竟門檻低得多。

上：外國人想買骨董，必來新門前通

下：有些店也有賣門檻較低的豆皿

「常盤」的鰊魚蕎麥麵，不但鰊魚甘露煮非常柔軟，高湯也好喝

生於蝦夷，揚名於京的鰊魚蕎麥麵

常盤

美味度：★★★

環境舒適度：★★★

剛從二条城賞完夜櫻，冷風吹得我直打哆嗦，四月初的京都夜晚，感覺比冬天還冷，心底不由得泛起「好想喝碗熱湯啊！」的念頭。

夜已深，想想此時大概只有祇園一帶的餐廳還有營業，便跳上公車直奔祇園而去，祇園巷弄依舊燈火通明，正在猶豫不知該鑽進哪一家店時，突然想起朋友D曾經推薦新橋通「常盤」的高湯很好喝……，深夜十一點，我已坐在常盤店內。

創業於大正十一年（一九二二年）的常盤，營業時間到凌晨一點，是個不錯的宵夜選擇，雖然開在風化氣息濃厚的新橋通，但能在祇園這種兵家必爭之地存活這麼久，必有獨到之處。翻開菜單，我簡直嚇了一跳！

因為選擇實在太多了！光是烏龍麵和蕎麥麵就有三、四十種，還有各式各樣的丼飯，實在看得我眼花瞭亂，乾脆直接問老闆娘。老闆娘推薦我們吃「常盤きしめん」，另外一碗，想來點不一樣的口味，便點了「にしんそば」，兩碗都是有熱呼呼的高湯。

きしめん（kishimen，吉喜麵），其實就是一種比較扁平的烏龍麵；日本這個國家實在很有趣，什麼東西都要有規範，連麵的尺寸也有規格。

日本農林規格（JAS規格）「乾麵類品質表示基準」規定，最細的是素麵（そうめん），麵體直徑不能超過一．三公釐；一．三到一．七公釐之間的稱為冷麵（ひやむぎ）；直徑與角面的寬度在一．七公釐以上，才能稱作烏龍麵。至於「吉喜麵」，寬度必須要四．五公釐以上，厚度則不能超過二公釐。

由於吉喜麵比較薄，煮得時間不需要那麼久，即便是味道比較清淡的高湯，也能輕易地附著在麵上，相傳是德川家康一統天下後，在名古屋築城時，為了餵飽大量的人力，所以就發明了這種吉喜麵。

也有另外一說指出，吉喜麵名稱的由來，是來自於發音相近的「雉雞肉麵」，難怪「常盤きしめん」中，配料除了魚板、香菇、湯葉、菠菜之外，還有幾塊嫩嫩的雞肉，只不過，這裡的きしめん，似乎沒有特別寬、特別扁。

右：雖然新橋通酒店林立，但常盤卻清爽素樸
左：「常盤きしめん」麵並沒有特別寬，但高湯真的好喝

「常盤きしめん」確實是品味高湯的最佳選擇；這樣一間大眾化的食堂，高湯卻有高級料亭的堅持，昆布用的是至少熟成一到二年的利尻昆布，鰹節是土佐產的宗田鰹，還有鹿兒島枕崎產的鯖節（さば節）、熊本牛深產的脂眼鯡魚干（うるめ節），都是熬高湯的上等材料，無怪乎滋味清爽又深遂。

另外一碗「にしんそば」（nishinsoba，鰊魚蕎麥麵），竟然是我在京都所吃到最好吃的鰊魚蕎麥麵！

鰊魚又稱鯡魚，是古稱蝦夷的北海道特產，鯡魚、鯡魚干、鯡魚子，在古代一直被視為珍貴的食材，小樽有一座「鯡魚御殿」，是江戶時代三大魚商之一的青山家花費七年所建的豪華別墅，可見得鰊魚為北海道帶來多麼可觀的財富。

但是讓鰊魚揚名立萬的，卻是京都。在祇園「南座」旁邊有一家「松葉」，是鰊魚蕎麥麵的元祖，「松葉」先代店主發揮巧思，把又硬又臭的鰊魚干甘露煮後搭配蕎麥麵，竟成為風靡各地的庶民美食。只可惜，百年老店現在評價兩極，我沒吃過不敢驟下妄語，反而是常盤的鰊魚蕎麥麵，讓我眼睛一亮。

「好柔軟啊！」這是我吃到第一口鰊魚干的感覺，以前吃到的鰊魚蕎麥麵，那一塊在湯麵上的鰊魚干，總是乾乾柴柴的，但是常盤的鰊魚干，既柔軟又香甜，想必花了好幾天燉煮，才能如此柔嫩多汁。除此之外，第二個好吃的理由，仍然歸因於高湯，雖然為了配合湯麵上的鰊魚甘露煮，高湯的味道稍微重一些，但還是很清爽鮮甜。

就在我大啖鰊魚蕎麥麵的同時，一位老師傅突然走進一角的製麵室，我沒看錯吧？午夜時分，老師傅竟然還在那裡和麵、桿麵？此時店內除了我們這一桌，沒有其他客人，但老師傅仍然凝神專注地做烏龍麵，這份用心，難怪「常盤」在此兵家必爭之地，依然屹立不搖。

info

常盤
地址：京都市東山區新橋通大和大路東入2丁目橋本町412
電話：075-561-1811
營業時間：12:00-15:00，18:00-翌1:00，週日休
價格：鰊魚蕎麥麵（にしんそば）1,150日圓，常盤吉喜麵（きしめん）950日圓

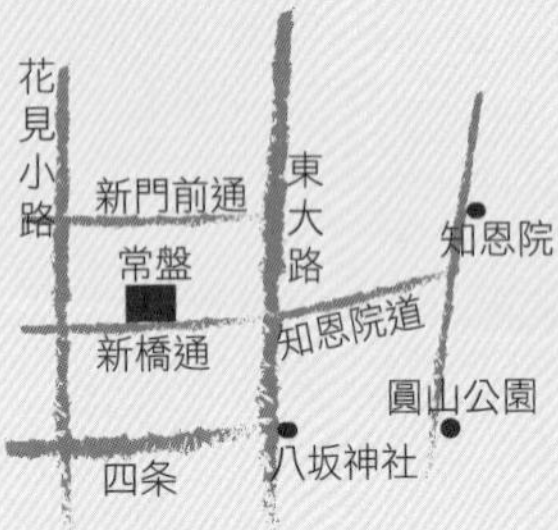

午夜時分，老師傅仍然在認真地桿麵

月影下的知恩院，木造三門日本最大

「月影の　いたらぬ里は　なけれども　ながむる人の　心にそすむ」（沒有月影照不到的鄉里，只因祂住在仰望者的心中），這是淨土宗開山祖師法然上人所作的和歌「月影」。前半段，法然上人以月光引喻佛光，象徵佛祖不揀善惡貧富，平等對待世間眾人；後半段，則隱喻眾生若不回應實踐修行，佛祖再慈悲，也是枉然。

距離常盤不遠的知恩院，山號「華頂山」，是源智上人為感念法然上人而興建，亦為日本國內外七千多座淨土宗寺院的總本山；也許月影下的知恩院格外有氣氛，但知恩院實在不是普通的大，白天參拜，至少也得花上半天的時間。

知恩院的「大」，首先顯現在「三門」；這座三門高24米、寬50米，是日本現存木造三門中最大的一座，傳說當時建造的工頭五味金右衛門，因為把三門建得太大、超出了預算，為負起責任，夫婦倆就自殺了！知恩院有七大不思議，其中「白木棺」，指的便是在三門二樓中的白木棺，收藏著這對夫婦的木像。

知恩院不只三門大，境內還有一座重70噸的大吊鐘，也是日本之最。在織田信長、豐臣秀吉、德川家康的支持下，知恩院不斷擴建，如今變成有106座伽藍的巨大寺院，還分成3個部分，下段以三門為主，中段以御影堂為中心，這兩部分都是由德川幕府所建；至於上段的勢至堂、法然廟，則是開山當時的寺域。

上：知恩院的三門是日本最大的木造三門
下：友禪苑內的茶室「華麓庵」清靜閑雅

值得一提的是，山下有座「友禪苑」，是為了紀念友禪染的始祖宮崎友禪齋所建造的庭園，引東山之水又融合了枯山水的意象，是昭和時代的名園；園內有一座茶室「華麓庵」，在綠意環繞下，格外秀美清麗。

究極的米飯與鍋巴
米料亭八代目儀兵衛

美味度：★★★★
環境舒適度：★★★★★

十多年前第一次到日本，讓我最震驚的，便是日本的米飯！

不管是在旅館內晚餐端出來的那一鍋炊飯、早餐中配著一夜干的白飯，或是在炸豬排店裡可無限續碗的白飯……，每一碗都是那麼晶瑩透亮，讓來自台灣的我頓時感到汗顏，以前我們總標榜台灣的蓬萊米有多好吃，一到日本，竟完全被比了下去。

相較於其他糧食，稻米在日本一直有著崇高的地位。江戶時代以稻米的計量單位「石」，做為幕府分封領地的依據，在民間則視稻米為菩薩或是佛祖的骨頭，是一種神聖的食物，也許就是這份對米飯的特殊情感，讓日本人不斷研究品種、栽種技術及烹煮方法，才能煮出那麼好吃的米飯！

銀閣寺附近有一家以摘草料理聞名的餐廳「草喰なかひがし」，據說最美味的便是它的米飯，但是「草喰なかひがし」是京都最難預約的餐廳，

「米料亭八代目儀兵衛」的米飯好吃，鍋巴更香！

右：1樓是吧台的座位

右下：三色御膳有生魚片、天婦羅、烤魚，非常豐富

左：中午定食較便宜，吸引大批人來排隊

每回去京都，我從沒有一次訂到位，它每個月一號早上八點開放下個月的預約，但是打去電話總是占線，好不容易打通了，位子早就被訂光了，接下來二十九天，接電話的小姐每天都只好跟客人道歉。

「草喰なかひがし」震攝人心的米飯，要有點運氣才吃得到，但是八坂神社前有一家「米料亭八代目儀兵衛」，只要有耐心排隊，便可以吃得到它「五星級的米飯」。

「米料亭八代目儀兵衛」是由出生於京都米屋老鋪的兩兄弟聯手經營的餐廳，老闆橋本隆志，不但是第一個取得「米．食味鑑定士」資格的人，還有「五星級米博士」的封號。在日本米食人口日益萎縮下，橋本隆志推廣米食文化不遺餘力，不但積極參與每年的新米評鑑活動，還廣為宣傳分辨米飯好吃的特點；弟弟橋本晃治，則是在京都的料亭、大分縣的名旅館修業後，便投入到「米料亭八代目儀兵衛」掌杓。

「米料亭八代目儀兵衛」的菜單很豐富，但每一道菜，都是為了襯托出米飯有多麼好吃而設計：晚餐是「米懷石」，每一道菜都想辦法用米來搭配；午餐則以定食為主，由於定食價格便宜，總是吸引很多人排隊。好不容易排到隊，我和老公兩人當然要選每天限量供應的「親子丼」與「儀兵衛三色御膳」。

選用京赤地雞的「親子丼」，雞肉柔嫩蛋液香滑，「三色御膳」中的天婦羅、生魚片、烤魚，每一樣都細緻好吃，但是最令人期待的，還是那可以無限續碗的白飯——第一碗白飯，是讓你品嚐剛起鍋的滋味，濕濕潤潤又晶瑩透亮，一入口，果然沒令人失望。

「米料亭八代目儀兵衛」標榜究極的米飯，從外表看要「光、白、香」，入口後「觸、粘、甘、喉」缺一不可。為了達到上述的口感，「米料亭八代目儀兵衛」還推出自家的「翁霞」品牌米，在每年新米上市，品評過各地稻米的味道後，便混合各家所長，有的取其香、有的取其黏、有的取其甘，混合出適當的比例，再以獨創的精米技術加工；以今天吃到的「翁霞」來說，就是混合了山形縣、長野縣、宮崎縣三地的米，京都名料亭「祇園さゝ木」所用米的也是「翁霞」。

info

米料亭八代目儀兵衛
官網：http://www.hachidaime.co.jp/
地址：京都市東山區祇園町北側296
電話：075-708-8173
營業時間：11:00-14:30，18:00-21:00，週三休
價格：
午餐：親子丼1,410日圓，儀兵衛三色御膳2,440日圓，不接受預約
晚餐：米懷石4,930日圓起，要預約

上：光這兩樣小菜就可以再添一碗飯

下：只在午餐供應，用京赤地雞做的親子丼超人氣！

要烹調出好吃的米飯，從淘米、泡水到燉煮，處處都是學問，特別是用土鍋烹煮時，要讓鍋裡的水產生對流、使米均勻受熱，並不容易；因此「米料亭八代目儀兵衛」特別與有田燒窯「元」合作，開發出特殊的「竹型土鍋釜」，連釜底的角度都經過特別計算，配合火力大小的調整，烹煮出究極的米飯及鍋巴。

對！到「米料亭八代目儀兵衛」，請務必要吃第二碗白飯，因為第二碗白飯才會給你鍋巴，那鍋巴的脆、韌、香，像是精密計算出來的，且愈嚼愈有滋味，稱它為「究極的鍋巴」，一點也不為過！

如果要論「米料亭八代目儀兵衛」有什麼缺點，就是排隊來吃午餐的人實在太多了！八坂神社前人來人往，怕影響到其他店家及過路的行人，所以排隊時只能站在人行道的邊緣，中午太陽大時無遮無蔭，簡直要把人曬昏了！

到八坂神社許個願

右：搖鈴有驅趕惡靈、召喚善靈的作用

左：八坂神社不論何時，遊客總是絡繹不絕

任何人到京都，都不會錯過四条盡頭的八坂神社，在平安遷都前就已存在的八坂神社，自古以來香火鼎盛，經過多次分靈，是日本各地三千多間八坂神社的總社。由於日本有在元旦凌晨要去神社參拜的習俗，在除夕的夜晚到元旦的凌晨，八坂神社更是熱鬧非凡，所有店家都通宵營業，京都居民看完了紅白大賽，便趕來新年第一次參拜，平時車水馬龍的四条通，在這一天變成滿是人潮的行人徒步區。

京都三大祭中的「祇園祭」，就是由八坂神社所舉辦。一整個7月，幾乎每天都有行事，最受矚目的「山鉾巡行」，也就是抬著三十幾座神車神轎在街上遊行，吸引大批觀光客前來觀賞，成為祇園年間最大的盛事。

其實山鉾巡行原本的用意，是幫八坂神社眾神們所乘坐的神輿，擔任開路先鋒，照理說，神輿抬出去之後也要抬回來，所以從前的山鉾巡行有兩次，一次是7月17日的「前祭」，另一次是7月24日的「後祭」，但是「後祭」被省略了將近半世紀，直到2014年，150年前被燒毀的「大船鉾」，終於修復完成，恢復了「後祭」，對於觀光客來說，有二次可以看到山鉾巡行的機會，真是天大的好消息！

就算不是7月到京都來觀賞祇園祭，八坂神社還是值得走一走，經過舞殿來到朱紅色的正殿前，把供奉的錢幣投入錢箱內，搖一下鈴，以驅趕惡靈召喚善靈，再「二拜二拍一拜」許下心願，據說對於消災解厄很靈驗呢！

老先生的玉子三明治，京都洋食的一頁傳奇

喫茶マドラグ

美味度：★★★
環境舒適度：★★★★

「コロナ的玉子三明治復活了！」二〇一二年，對於許多京都老鋪コロナ（ko-lo-na）洋食屋的粉絲來說，真有如坐雲霄飛車般，一下子失望，一下又有意外的驚喜；原因是，原本開在木屋町通小巷子的「コロナ」店主原昌二，終於在九十六歲的高齡關店退休了！

コロナ的店主原昌二，真是京都洋食界中的一頁傳奇！

日本洋食的發展，與日本海軍的推波助瀾有密切關係。明治時期日本海軍大臣西鄉從道（西鄉隆盛的弟弟）一度要求，「海軍軍官，要儘可能吃精養軒（明治五年在東京築地以飯店型態開業，明治九年於上野公園內開設「上野精養軒」，是東京最早的西洋料理餐廳）的西洋料理」，他認為，以麵包、牛奶、雞蛋、肉類為主的西洋料理，不但有助於強健體魄，平時吃西洋料理還可以訓練餐桌禮儀，與外國人打交道才不會失禮。NHK晨間劇《多謝款待》中，芽以子的二兒子為學習洋食而投入海軍，其來有自；據說，「コロナ」的店主原昌二，早年在船艦上學會做洋食，戰後回到

傳說中的玉子三明治，吃兩個就飽了

右：「喫茶マドラグ」的布置很有復古風

左：「喫茶マドラグ」繼承了「コロナ」的玉子三明治

京都，昭和二十年（一九四五年）在木屋町通的巷子裡開了間小洋食屋「コロナ」，六十七年來，只有他一個人在廚房裡忙進忙出。

「コロナ」的玉子三明治，在京都有許多忠實的粉絲，Youtube上有一段日本電視台採訪「コロナ」的影片，當時已經九十四歲的原昌二老先生，在狹小的吧台後方做著玉子三明治，實在是因為年紀太大了，所以每一個動作都非常遲緩，但是這麼緩慢的動作，京都市民仍舊耐著性子等候，只為品嚐老先生親手做的玉子三明治。

老先生多次想退休，都被他的粉絲勸阻，二〇一二年二月，「コロナ」終於宣布歇業，當時老先生已九十六歲，雖然不忍他這麼大的年紀還如此操勞，但是許多粉絲想到以後再也吃不到老先生的玉子三明治，個個難掩失望；沒想到，二〇一二年年底傳出了好消息，老先生把玉子三明治的作法傳授給了押小路西洞院上的「喫茶マドラグ」（喫茶la madrague），「老先生的玉子三明治復活了！」成了許多京都市民奔相走告的消息。

為了一嚐傳說中的玉子三明治，我和朋友D相約在京都時，特地去了「喫茶マドラグ」，沒想到，當天傍晚「喫茶マドラグ」的店門口立了個牌子：「今天的玉子三明治賣光了！」早到一步的D告訴我，她站在店門口，看到許多人真的是衝著這個玉子三明治而來，看到賣光了，有些人不死心，走進去問，得到的答案也是一樣，只好苦著一張臉離開。

我鍥而不捨，過了幾天，再度來到「喫茶マドラグ」，一進門，劈頭就問：「今天有玉子三明治嗎？」店內人員笑著點點頭，鬆了一口氣坐下，這才好整以暇地打量店內的設計。其實「喫茶マドラグ」的布置很有氣氛，挑高的空間有著復古的氣息，王家衛的《花樣年華》海報掛在吧台後方，牆面有許多老闆蒐集的電影海報，還有年代久遠的計算機、打字機，就算不是為了玉子三明治而來，「喫茶マドラグ」也是個讓人心情放鬆的空間。

其實「喫茶マドラグ」並不是只有賣玉子三明治，各式義大利麵、沙拉、咖啡果汁也都有，但是我的意志堅定不摧，沒有受到其他誘惑，兩個人，只點了一份玉子三明治，一杯綜合果汁與一杯拿鐵。

玉子三明治配綜合果汁很對味

終於等到了傳說中的玉子三明治，一端上來，我呆了！這三明治未免太大了！四塊三明治占滿了橢圓形的大盤子，吐司厚，兩片吐司所夾的玉子燒更厚！我拿起一塊放進嘴裡……

好柔軟啊！白吐司入口異常鬆軟，搭配柔嫩的玉子燒，還塗了點芥茉醬，原來就是這份溫柔的感覺，讓老先生的魅力歷久不衰！

我比較Youtube上的影片，發現老先生做的玉子三明治，中間的玉子燒沒有現在「喫茶マドラグ」所煎的玉子燒漂亮，想來是年紀太大的關係，據說現在「喫茶マドラグ」的玉子三明治，比較接近老先生年輕時所做的模樣。

不過，這厚切玉子三明治，可用了四個雞蛋，所以奉勸想去吃的朋友，最好兩個人結伴而去，一人吃兩塊，其實就飽了，更重要的是，也不用擔心膽固醇會飆得太高！

info

喫茶マドラグ
地址：京都市中京區押小路通西洞院東入北側
電話：075-365-8666
營業時間：11:30-22:00，週日休
價格：コロナ玉子三明治680日圓

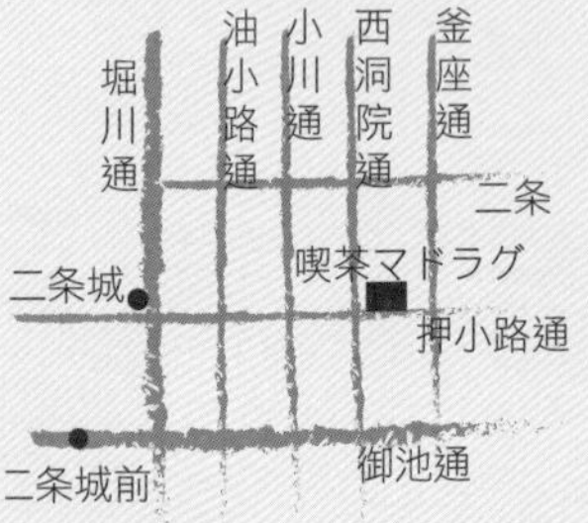

飯後散散步

二条城的日與夜

「喫茶マドラグ」距離世界遺產「二条城」很近，二条城原為織田信長所建，但因戰亂被毀，後來經德川家康重建為他在京都時的住所，成為德川幕府在京都的據點；但是歷史造化弄人，幕府末代將軍德川慶喜在1867年發表「大政奉還」的地點，也是在二条城，二条城可說完全見證了德川幕府的興衰。

二条城分為「本丸御殿」與「二之丸御殿」，本丸御殿原來是京都御所的桂宮御殿，在明治時代移築於此，只在春秋兩季才開放參觀；二之丸御殿是德川家康的住所，比較起來，二之丸御殿更加富麗堂皇，名氣也較大。參觀二之丸御殿，許多人都會被華麗的壁畫給吸引住，那是深受德川幕府重視的畫師狩野探幽所畫；從室町時代開始，狩野派，這個以血緣關係為傳承的畫派，一直占據日本畫壇中心長達四百年，是日本美術史上勢力最龐大的畫派集團。

二条城的夜櫻，幾乎不輸它的歷史名氣，每年3月底到4月中旬，二百多株紅枝垂櫻與八重櫻，在夜色下燦爛無比，二条城的夜，似乎比白天更炫麗呢！

左：二之丸御殿是德川家康的住所

右上：二条城的唐門氣派華麗　右下：本丸御殿只在春秋兩季對外開放

迎向明天的「茶‧食生活」
伊右衛門サロン

美味度：★★★
環境舒適度：★★★★★

常去日本的人，一定對「伊右衛門」不陌生，這個由「三得利」與京都老茶鋪「福壽園」在二〇〇四年合作開發的茶飲品牌，短短幾年，已成為日本最暢銷的茶飲。

伊右衛門所有的行銷概念，訴求的就是「京都的美好」：找超過二百年歷史的「福壽園」合作，強調茶葉是福壽園嚴選的宇治茶，水則是京都山崎的天然水，還以福壽園初代店主「福井伊右衛門」的名字來命名；甚至在包裝上，研發小組在思考什麼樣的包裝最能表現出「水」的感覺時，想到了竹子，便特別研發出竹子形狀的寶特瓶。更不要說，那一支支邀請本木雅弘與宮澤理惠所拍攝的系列廣告，本木雅弘扮演的茶師表現出對茶的執著，與妻子宮澤理惠間的感情，處處打動人心，這樣精密細緻的行銷手法，真是不暢銷也難！

但是伊右衛門並沒有以此為滿足，二〇〇八年在三条烏丸附近千總大樓的一樓，開設了「伊右衛門サロン」

右：想吃日式早餐，就來「伊右衛門サロン」
左：早餐中的朧豆腐，淋的是抹茶醬

季節限定早餐——飯是竹筍炊飯，烤魚是西京燒

（伊右衛門Salon），以「通過茶找到新生活方式」為提案，想要塑造的不是復古懷舊，而是從傳統出發，迎向明天的「茶．食」生活。

這讓我想起近年台灣為推廣茶文化，也流行玩「茶．食」結合的遊戲，不是在空間複製傳統的中國風或日本風，就是推出以茶入菜的茶餐，但是「伊右衛門サロン」完全跳脫了這種格局。

在「伊右衛門サロン」裡，茶就是茶，餐就是餐，它並不刻意把茶注入餐食之中，但是每位客人一坐下，在用餐之前所喝到的那一杯冰茶，入口清涼甘甜，那顏色就像廣告中，宮澤理惠為本木雅弘端上的那杯茶一樣清綠，讓我還沒用餐以前，就先喝掉二大杯。

雖然是茶飲品牌，但是來這裡只喝茶就太可惜了！「伊右衛門サロン」的餐點，是特別邀請京都吉兆的第三代主人德岡邦夫來監製，早、午、晚餐的菜單中，和、洋兼具，米飯還是特地用大釜炊煮的會津米；特別是它的早餐從八點供應到十一點，如果想吃日式早餐，「伊右衛門サロン」是個不錯的選擇。

早餐的選擇有薩摩生雞蛋醬油拌飯、豬肉雞蛋三明治，但是我比較推薦吃「IYEMONの朝ごはん」（伊右衛門早餐）或是季節限定的御膳，這兩種都是以烤魚為主搭配京都家常菜的日式早餐，還有特製的抹茶醬朧豆腐，滋味非常特別；兩者最大的差異，除了烤魚不同之外，季節御膳的米飯往往是日式炊飯，像在春天，就會端上竹筍炊飯。

「伊右衛門サロン」除了餐點不錯、飲料好喝之外，最棒的是它的空間設計，明明是在大樓的一樓，卻把京都商家傳統的町家建築概念，以現代化的設計融入其中。一進門，是販賣各種與茶有關的書籍與器皿的店鋪，經過長長的走道之後，才是用餐區域，用餐區域外又是綠意盎然的庭園；「伊右衛門サロン」這種不複製古老的外觀，卻運用了町家建築中店鋪、長廊、坪庭的空間結構，十分高明。

用餐區的設計更是新潮，以書櫃、木質地板、灰泥地磚區隔成三個空間，各有各的特色，吧台、咖啡桌或沙發，完全滿足不同客人的喜好，我挑了個靠窗的位子坐下來，伴著窗外綠意盎然的庭園，喝杯茶、吃早餐、隨手翻了本書，度過了一個悠閒的上午。

info

伊右衛門サロン
官網：http://iyemonsalon.jp
地址：京都市中京三条通烏丸西入御倉町80番地千總大樓1F
電話：075-222-1500
營業時間：8:00-24:00，不定休
價格：IYEMONの朝こはん1,026日圓，季節限定早餐1,231日圓

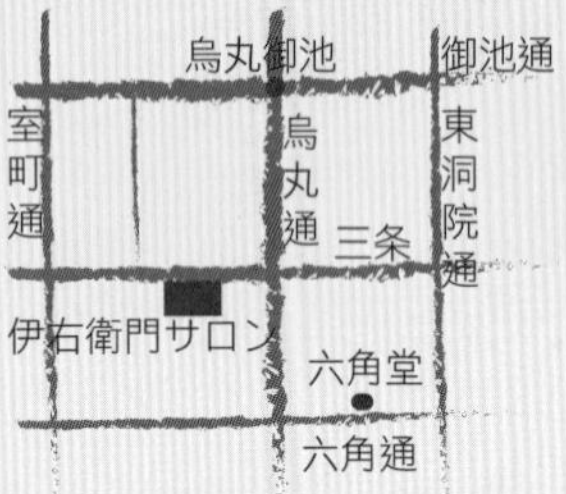

右：一進門是販賣書籍與器皿的店鋪
左上：「伊右衛門サロン」位於千總大樓一樓
左下：「伊右衛門サロン」空間設計非常現代

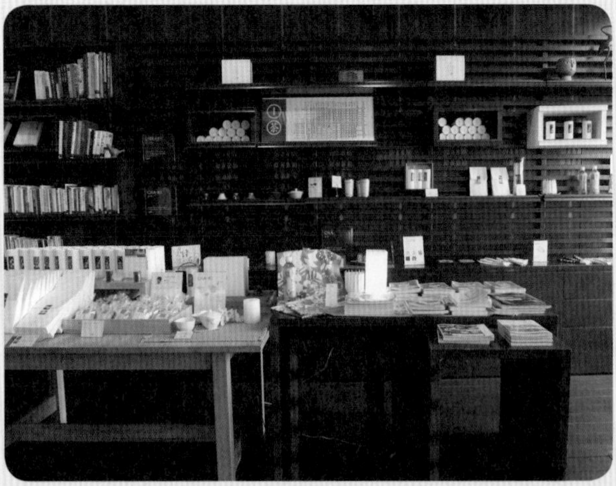

右：京友禪老鋪居然也賣金平糖

左：千總的絲巾圖案花色都很綺麗

創業450年的京友禪老鋪「千總」，華美綺麗

「伊右衛門サロン」位於「千總大樓」一樓，能在京都市中心擁有一座大樓，可見得「千總」多麼不凡；原來千總是擁有450年歷史的京友禪老鋪，從以前就深受王公貴族的喜愛，走進「伊右衛門サロン」店鋪，左方有一排樓梯直通向2樓，一上去，就是千總的店鋪SOHYA TAS，還有千總所設立的美術館。

以扇繪師宮崎友禪齋的名字而取名的「京友禪」，是一種染色技術，據說當時宮崎友禪齋所表現出來的友禪染，用色偏淡卻色調多變；由於這種手繪圖案的染色技法，工序繁多且需要大量的人手，所以染出來的布料主要用於高級和服。

創業於弘治元年（1555年）的千總，美術館內的收藏品自然不凡，豪華貴重的染織品、古代描繪和服圖案的資料，甚至包括宮崎友禪齋手繪的「小袖雛型本」等，除此之外，還包括明治時代京都畫壇所繪製的屏風等，非常值得一看。

千總雖然做的是高檔和服的生意，但隨著時代演進，也設計了許多輕巧的商品，如絲巾、風呂敷等，甚至還有金平糖；不過，所有的商品都有相同的特點 —— 華美綺麗。

飯後來碗酸甜的五味子茶

素夢子御膳，很有大長今的fu

「素夢子古茶家」黃澄澄的南瓜粥，香甜濃稠

來吃大長今的韓國宮廷御膳吧！

素夢子古茶家

美味度：★★★

環境舒適度：★★★★★

以前看韓劇《大長今》時，李英愛烹調的一道道宮廷御膳，總是惹得我口水直流，如果不是看了麻生圭子的《小巧京都食導覽》，怎麼也不會想到，京都有間「素夢子古茶家」，可以一嚐韓國宮廷御膳。

素夢子古茶家就在「伊右衛門サロン」的斜對面，那棟看起來氣派非凡的建築物「譽田屋」，一樓就是素夢子古茶家；素夢子古茶家是由京都和服腰帶商「譽田屋」所經營，擁有二百多年歷史的「譽田屋」與四百多年的京友禪老鋪「千總」，都是在室町三条附近，由此可見，室町通這一條小路，從江戶時代就是京都和服產業的批發中心。

室町通的路面不像烏丸通、河原町通那麼寬，但是在京都發展的歷史中，卻有重要的地位。位於御所左側的這一條小路，在平安京時代稱為「室町小路」，室町時代足利將軍的宅邸「室町殿」，就建在室町通、今出川通到上立賣通這一塊區域，由於室町殿建造得十分華麗，有「花之御所」之稱，後來因為應仁之亂被燒毀，現在只剩下石碑遺址。

到了江戶時代，室町通搖身一變，成為和服產業批發中心，特別是在二条到五条之間更是密集；雖然有像「千總」、「譽田屋」這樣的老鋪企業總部仍設於此，但動輒數十萬日幣以上的和服，如果不是特別來訂做的客人，還真是無緣欣賞。

素夢子古茶家雖是韓風茶鋪，但是餐點極有特色，只不過，份量不多，因此，趁著一天晚上想吃得清爽些，便特地來這兒吃晚餐，也趁機欣賞店內陳設的韓國骨董。

「素夢子御膳」還真像極了《大長今》裡的韓國宮廷御膳！說起來，日、韓飲食雖都受到中國影響，但形式上，日、韓卻是「個人膳」，與中國一大桌「分食」的概念很不同，且不用動物性油脂，多用植物性油脂的口味也很接近，「素夢子御膳」中的生章魚黃瓜卷、涼拌冬粉、滷牛肉、炸地瓜、清燉牛肉湯……，雖然每個碗裡的菜餚份量都不多，卻做得很精緻。

講究醫食同源的素夢子古茶家，餐點極重養生，黃澄澄的南瓜粥，裡頭有不少松子，而南瓜與松子，都是性溫味甘，具有補中益氣的作用；讓人訝異的是，這南瓜粥燉煮得如此濃稠，才吃半碗，就覺得飽了。

不同於中國茶、日本茶以茶葉沖泡的方式，韓國傳統茶是以果實、五穀、草藥熬煮而成，素夢子古茶家有各式各樣的韓國傳統茶，我點了五味子茶做為飯後飲品，酸酸甜甜的滋

右：氣派的譽田屋，連窗戶都如此精細
左：素夢子古茶家就在譽田屋的一樓

味，據說有促進新陳代謝、寧神靜氣的作用。

這裡的食器也很講究，素夢子御膳用的是亮晃晃的黃銅碗；五味子茶所用的是韓國白瓷，手感厚實溫潤；南瓜粥搭配的小菜，則是藍白兩色的染付；每一道料理的搭配都很樸實大氣，與這裡的空間、擺設相呼應。

以船板做吧台、用古老的木門或地板做成桌子、褐茶色的布帘是難得一見的柿涉染，「素夢子」總是那麼隱晦地在每一個細節花力氣，不張揚，要你細品慢看才會發現它的不同；難怪麻生圭子會以「每個地方都不造作，卻隱約感覺到店主的自負」，來形容「素夢子」的裝潢。

我去素夢子古茶家的時候，剛好碰上這裡在辦「靴展」，五顏六色、造型獨特的鞋子擺滿了階梯，看來「譽田屋」的老闆，不只對韓國文化有興趣，還大力支持京都年輕的藝術家。

要特別提的是這裡的廁所，第一眼看到那青瓷便器，真是讓人不知該如何是好，還好，我不急，也不忍「汙染」這麼漂亮的便器，只好洗洗手、摸摸鼻子，趕快結帳離去……

info

素夢子古茶家
官網：http://www.somushi.com/
地址：京都市中京三条通烏丸西入御倉町73
電話：075-821-9683
營業時間：11:00-21:00，週三休
價格：素夢子御膳1,500日圓，南瓜粥1,000日圓

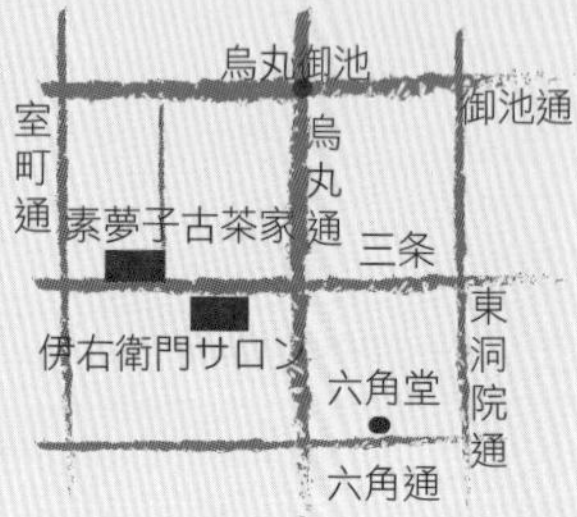

上：剛巧碰到「靴展」，每雙鞋造型顏色都很奇特
下：「素夢子古茶家」室內設計沉穩大氣

京都花道大本營「六角堂」，處處皆有景

從素夢子古茶家過了烏丸通，往南走不到5分鐘，有一間小小的寺廟「六角堂」。理論上，這麼小一間寺廟，應該不到5分鐘就逛完了，但是轉一圈，竟發現處處皆有景，美不勝收。

六角堂本名「頂法寺」，歷史非常悠久，因本堂呈六角形，通稱為六角堂，是由聖德太子創建。西元587年，聖德太子為了要在大阪蓋四天王寺，四處尋找木材來到這裡，剛好看到有一泉池，便入池沐浴，他將衣服與隨身攜帶的如意輪觀音像放在樹下，當晚便夢到觀音托夢，要他在此地度化眾生，於是聖德太子就在這裡興建了六角堂，供奉的正是這座如意輪觀音像。

一進六角堂，視線立刻被兩棵連理的楊柳所吸引，相傳嵯峨天皇曾經夢到在這楊柳樹下，會遇到他一生的摯愛，嵯峨天皇依夢境所言來到楊柳樹，果然有一位絕世美女站在樹下，二話不說，立刻把她迎娶回去當皇后！有著這樣一個美麗的故事，當然吸引許多年輕男女在此祈求締結良緣。

從室町時代開始，六角堂也出了許多插花高手，是日本最大的花道流派「池坊」的發源地；原來，古時候為了供奉如意輪觀音，在六角堂旁的水池邊蓋了一座僧坊專事供花，成為「池坊」的起源。現在六角堂旁邊就是池坊會館，以「立花」聞名的「池坊」，除了在此設了一座青銅雕塑之外，也常常展示作品，我去的時候，剛好碰到池坊的展覽，許多作品圍繞著本堂置放，把六角堂妝點得更加秀美。

但是最可愛的，還是佇立在一旁的「十六羅漢」、「一言願い地藏」、「合掌地藏」，圓滾滾的羅漢與地藏，每個都超級卡哇伊，讓沒有慧根的我，更容易親近那些再讀百遍也不懂的教義。

六角堂前的楊柳吸引許多男女祈求良緣

捧著花的一言願い地藏

聖德太子沐浴的泉池蓋了座太子堂

Menu

京都人的一天，從INODA COFFEE開始
INODA本店

美味度：★★★
環境舒適度：★★★★★

日本歷史小説家池波正太郎一生酷愛美食，對於京都的イノダコーヒ（INODA COFFEE），他曾經在《むかしの味》一書中寫下：「如果不到寺町通附近的イノダコーヒ，去喝一杯咖啡，我的一天無法開始。」

得到大作家如此讚揚，這句話當然成了INODA最佳的廣告宣傳，從此而後，「京都人的一天，從INODA COFFEE開始」的美譽不脛而走。既然是一天的開始，當然不會只有一杯咖啡，INODA的早餐，也是京都西式早餐的首選。

喜歡來INODA吃早餐的不只有池波正太郎，谷崎潤一郎、高倉健等許多文人都很喜歡這間昭和二十一年（一九四六年）創業的老牌咖啡館。雖然INODA在京都有六間店鋪，三条支店

早餐也有熱狗與吐司的組合

INODA「京の朝食」頗富盛名

右：INODA本店本館與新館合在一起

右下：紅色包裝是著名的「阿拉伯珍珠」

左下：戶外座位區很宜人

與本店之間的步行距離不到三分鐘，每一間也都有早餐吃，但是要朝聖，還是得到堺町通三条的本店才行。

本店的早餐從七點供應到十一點，我在早上八點多來到堺町通三条的本店，嚇！已經有一堆人等著排隊吃早餐，文人加持果然是京都店鋪的燙金招牌啊！

INODA本店雖是町家建築，但本館與新館合在一起，門面顯得極為寬敞；有趣的是，本館的門面是傳統的町家造型，新館的門面卻是白色的洋式風格，雖是一和一洋，卻有相同的懷舊情緒。

不過，進門之後，氣氛就完全不一樣了。經過販賣部後進入用餐空間，挑高的天花板與落地窗顯得十分氣派，除了吸菸區與禁菸區外，也有戶外庭園的座位，如果不是這天剛好下雨，我就選擇戶外的座位了。

坐定之後，環顧四周，發現許多文人會喜歡來INODA，不是沒有道理。INODA的氣氛很像法國的藝文沙龍，每個區域都有很好的光線，我剛好坐在圓型的餐室中，紅絲絨的坐椅配上紅白格子的桌布，顯得既典雅又親切。

INODA的早餐其實有很多選擇，最典型的「京の朝食」，是火腿、炒蛋、沙拉、水果、牛角麵包，再配上咖啡與果汁，這個早餐好吃的關鍵是它的火腿，切得比一般火腿厚，且鹹香豐腴，吃得出來是用上好的精肉製成。除此之外，也有熱狗與吐司的組合，當然，如果早餐不想吃得太豐盛，也可以吃其他的三明治輕食。

INODA最有名的咖啡，叫「阿拉伯珍珠」，由於苦味較濃，所以一般端上來時會事先加了牛奶與砂糖，如果想喝黑咖啡，最好先向侍者說明。不少朋友來京都，都會帶這款紅色包裝的阿拉伯珍珠當伴手禮，每次喝到朋友送的阿拉伯珍珠，總是勾得我心癢難耐，恨不得馬上飛到京都。

info

INODA COFFEE本店
官網：http://www.inoda-coffee.co.jp/
地址：京都市中京區堺町通三条下道佑町140
電話：075-221-0507
營業時間：7:00-20:00，無休
價格：京の朝食1,230日圓（只供應到11:00），阿拉伯珍珠515日圓

磚造壁爐很有味道

本店空間寬敞，有二百多個座位

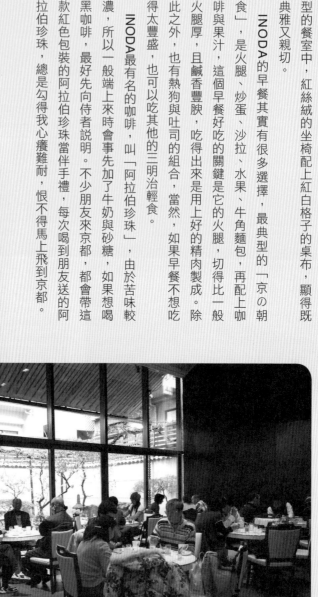

飯後散散步

三条的歷史洋風建築群

不像四条那樣車水馬龍，三条的路面雖不寬，但自古以來就是一條繁華的街道。三条東起「蹴上駅」，西至嵐山，最有特色的部分，要屬河原町通到烏丸通這一段，不但聚集了許多個性商店，明治時期遺留下來的紅磚洋風建築，更為這條街道增添了歷史繁華的情緒，是京都散策的絕佳路線。

みずほ銀行京都支店：位於三条與烏丸通交叉口，紅磚白帶綠屋頂，是明治時期的建築大師辰野金吾在1906年的作品。前身是第一銀行京都支店，雖然曾於2003年重新翻修，但仍然保持了原有的建築樣式。

中京郵便局：位於東洞院通與三条交叉口，紅磚與白石材的組合，乍看之下與辰野金吾的作品有些類似，其實是另一位建築師吉井茂則在1902年的作品。1973年時郵政省一度想要重新改建，但當時京都輿論力主保存的聲浪高漲，因此僅進行了內部的改建，是京都第一座採取外壁保存工法的建築。

京都文化博物館：位於高倉通與三条交叉口，這棟建築與みずほ銀行京都支店很相似，連建造的年代都相同，果然是辰野金吾的作品。它的前身是日本銀行京都支店，這種紅磚白帶的式樣，亦稱為「辰野式」。

日本生命京都支店：位於柳馬場通與三条交叉口，是辰野金吾與片岡安共同設計，在1914年建造完成年的作品；也許有了片岡安的加入，這棟建築沒有採取「辰野式」，片岡安石材拼貼的特色較明顯。這棟建築曾於1983年重建，因此只有東側的一部分還保留著原來的樣貌。

舊家邊時計店：位於富小路通與御幸町通之間，建造於1890年，是三条通上最古老的紅磚建築，特色是三扇相連的拱窗，也是「京都市民選定文化財」的第一號建築物。

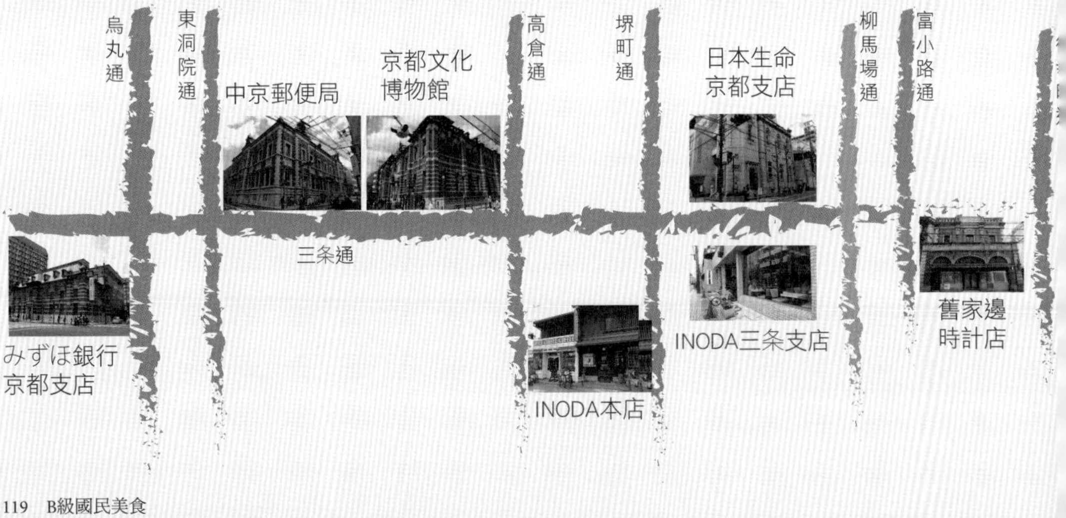

京都嵯峨たまごや

最原始的美味——生雞蛋醬油拌飯

美味度：★★★★★
環境舒適度：★★

生雞蛋醬油拌飯，如此簡單卻無比美味

嵐山散策中，過了嵯峨竹林往常寂光寺的路上，左手邊有一家小店，很惹人注意。

說是小「店」有點言過其實，更精確地說，它是一個露天的攤販，只是這個「攤販」座落在小院內，露天的棚架與幾張木板凳，是讓客人吃東西的地方，詩情畫意的嵐山，即使是個露天攤販，也讓人覺得簡單而不簡陋。

這個小店只賣四樣東西：雞蛋、白煮蛋、生雞蛋醬油拌飯、雞蛋布丁。

此時剛過十一點，我是第一個走進這院內的客人，會這麼大膽，敢在沒有其他客人「掛保證」下，毫不猶豫地走進去，是因為我對「一味闖江湖」的店家存有一種迷思：只賣一樣東西，如果這東西不好吃，這家店怎可能存活下來？

依照這條法則，從北海道到九州，每遇「獨孤一味」的店家，我必吃，果然，鮮有地雷。

店如其名，たまごや（tamagoya，雞蛋屋）所賣的四樣東西都是以雞蛋為主角，顯然是靠雞蛋闖江湖，我點了白煮蛋、生雞蛋醬油拌飯、雞蛋布丁，哈！不正好是前菜、主菜、甜點的三道式佳餚？

剝開蛋殼，灑點店家提供的鹽，一口咬下去……，哇！這蛋黃怎麼這麼濃郁？

たまごや所賣的雞蛋，是那種褐色蛋殼的雞蛋，雖然知道蛋殼的顏色差異只在於雞種的不同，與營養價值無關，但我就是對褐色蛋殼的雞蛋比較沒有抗拒力，總覺得褐蛋殼比白蛋殼結實。事實上，蛋殼的厚薄與顏色無關，反倒是與母雞的年齡有關，年輕的母雞所生的蛋，蛋殼比較厚，年老的母雞所生的蛋，蛋殼比較薄。

生雞蛋醬油拌飯，比白煮蛋更能吃出蛋的「原味」。たまごや的雞蛋有著又大又飽滿的橘紅色蛋黃，顯然生下這個蛋的母雞，平常吃的飼料含有豐富的胡蘿蔔素，才能生出宛如夕陽般橘紅的蛋黃。

是我太餓了嗎？不過是熱騰騰的白米飯中，淋上一點醬油，打了顆生雞蛋進去，攪和在一起，竟然這麼好吃！配上一小撮甘甜中帶鹹的佃煮昆布，偶爾轉換一下味覺，如此素樸，卻是最原始的美味。

生雞蛋醬油拌飯常出現在現在日本人的早餐中，但在古時候，日本人並不吃雞蛋。從平安時代開始，雞蛋便做為供奉神明的祭品，有著「誰吃了雞蛋就會被神明處罰」的傳說，一直到明治時期西風東進，雞蛋被認為具有很高的營養價值，日本人才開始吃雞蛋。

坊間流傳，第一個以生雞蛋拌飯做為早餐的人，是明治初期的新聞記者岸田吟香。明治七年（一八七四年），日本以琉球人在屏東牡丹鄉被排灣族殺害為由，出兵攻打台灣，史稱「牡丹社事件」，

嚴格來說，たまごや應該算是露天攤販

棚架下的木板凳是「貴賓席」，人多時只能站著吃

原本占盡優勢的日軍，因感染熱病只剩五百人存活，岸田吟香獲得許可隨軍採訪，成為日本第一位戰地記者；傳言岸田吟香每天都以生雞蛋拌飯當早餐，有時甚至一次就打了二、三個生雞蛋進去。

吃生雞蛋在日本是很普遍的事，但生雞蛋有沙門桿菌，曾發生過雞蛋生食中毒的事件，因此日本食品安全法令對於雞蛋的衛生安全，有嚴格的規範，所有雞蛋都必須經過洗選，經過二十五道沙門桿菌的檢測過關後，才能包裝販售；而且包裝上必須清楚標示產地、賞味期限、洗選業者的資料等，確保雞蛋的新鮮安全。

相較於白煮蛋與生雞蛋醬油拌飯直接而素樸的美味，たまごや的雞蛋布丁雖然味道不錯，但較無驚豔之感。

有趣的是，たまごや僅是間一家三口所開的小店，並非蛋農自營店鋪，它所販售的是兵庫縣田隅養雞場所生產的「特別濃厚卵」，嚴格說來，它只是個「通路商」，靠著嚴選優質的雞蛋、準時的宅配服務，確保新鮮的雞蛋能快速地送到客人手上。不過，京都許多米其林星級餐廳，像京都吉兆、高台寺和久傳、室町和久傳、祇園う，以及燒肉名店「弘」、北山知名的甜點店MALEBRANCHE，都是向たまごや訂雞蛋的客人。

有這麼多名店「背書」，這裡的雞蛋怎麼可能不好吃？

info

京都嵯峨たまごや
官網：http://www.kyoto-tamagoya.com/
地址：京都市右京區嵯峨小倉山堂ノ前町24-1
電話：075-881-3536
營業時間：10:30-16:00，週二12:00-16:00，週三休（11月無休）
價格：生雞蛋醬油拌飯320日圓、白煮蛋100日圓、雞蛋布丁350日圓

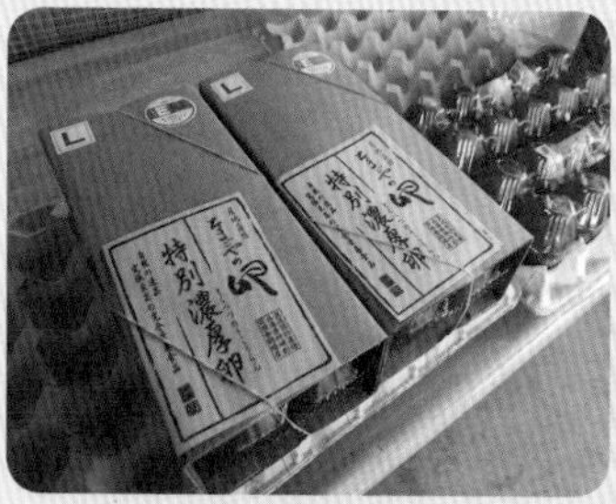

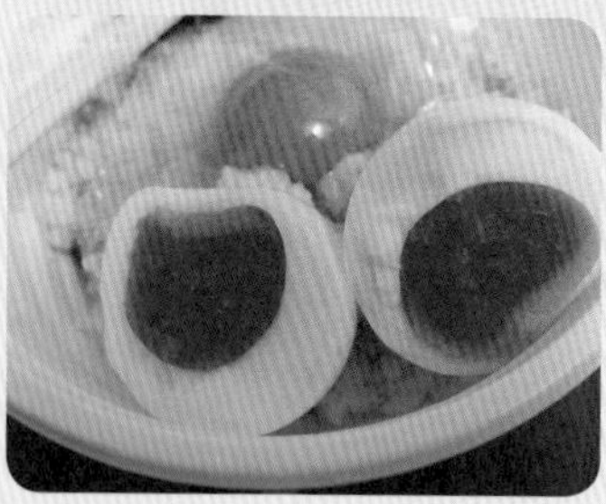

右：雞蛋布丁味道雖然不錯，但相較之下沒那麼出色

左上：名店背書的雞蛋，可惜沒辦法帶回台灣

左下：橘紅色的蛋黃，滋味非常濃厚

常寂光寺仁王門，一到秋天就被紅葉包圍

從屋外看落柿舍，別有一番風味

爬到多寶塔，可俯視嵐山地區

落柿舍與常寂光寺的橘、紅、綠

從京都嵯峨たまごや步行3分鐘，便是「落柿舍」，走10分鐘，便是「常寂光寺」，這兩個地方都是嵐山秋天必訪之地。

落柿舍是徘句名人松尾芭蕉弟子向井去來的隱居之所，園內種了40棵柿子樹，秋天一到，橘色的柿子掉下來，因此取名「落柿舍」；蓑衣斗笠、草屋結廬，吸引芭蕉三度造訪，在此寫下著名的《嵯峨日記》。不過，我覺得秋天的落柿舍，屋外比屋內更美，特別是隔著一大片菜園望向落柿舍，更顯農家古樸之趣。

常寂光寺是嵐山的賞楓名所，一到秋天整個寺院便被紅葉包圍，不但抬頭看，楓葉紅、銀杏黃，低頭看，坡上滿是青苔，鮮嫩的紅葉躺在碧綠的青苔上，更加美豔！

常寂光寺倚著小倉山而建，現在雖是日蓮宗的寺院，但在鎌倉時代初期則是公家歌人藤原定家的別墅所在地。處在武家勢力興起、公家勢力式微的時代，藤原定家在這裡挑選出一百位歌人所寫的和歌，編撰成《小倉百人一首》；到常寂光寺時，別忘了往上爬到「多寶塔」，在俯視嵐山地區的同時，或許也可以體會藤原定家那種拋開俗世煩憂的心情。

下逐客令後自己吃的鯛魚茶泡飯

鯛匠HANANA

美味度：★★★
環境舒適度：★★★★

「鯛匠HANANA」菜餚份量不多，但道道精緻

日本有著這樣一句諺語：「腐っても鯛」（即使腐壞了也是鯛），意思是指好東西就是好東西，就算壞了也不減損其價值，可見得鯛魚在日本人心目中的地位。

日本人在形容某件事很值得慶賀時，會說：「おめでたい」，而鯛魚的日文唸「たい（tai）」，取其諧音，因此日本人一向把鯛魚視為一種吉祥的魚，在結婚儀式或是成人式中，是不可或缺的食物；為了象徵「有頭有尾」，喜慶時常見的「祝鯛」（烤鯛魚），更力求保持鯛魚形狀的完整。

鯛魚的滋味淡雅，入口又帶有嚼感，一直被視為是高級的魚，料理方式當然也有很多種。NHK晨間劇《多謝款待》中，女主角芽以子被大姑惡整，買了一大堆鯛魚不知該如何是好，便發揮巧思做出各種不同的鯛魚料理；鯛魚肉可以做成生魚片，亦可鹽烤、油炸、燉煮，烤得焦脆的魚皮與酥炸的魚鱗能成為下酒菜，魚頭可以拿來煮味噌湯、魚骨還可以拿來熬高湯，全身上下都能拿來用，當然，還有好吃的土鍋鯛魚炊飯。

但我覺得最好吃的鯛魚料理，是鯛魚茶泡飯。

把鯛魚刺身拌上特製的芝麻醬油後，鋪在滿是海苔的白飯上，再沖進滾燙的熱茶，鯛魚刺身在茶湯中微微變熟，唏哩呼嚕連湯帶飯一口吞下，既有茶泡飯的清爽，又有芝麻醬的香濃，還有鯛魚獨特的風雅，真是說不出的美味；日本料理界教父級的人物湯木貞一，年輕時創業的第一間店鋪、在大阪新町所開的「御鯛茶處　吉兆」，端出來的就是這種鯛魚茶泡飯。

鯛魚茶泡飯，真是一種顛覆傳統概念的創意。茶泡飯，以茶湯泡飯，是在茶普及於民間後才有的料理，但是以水來泡飯自古就有，《源氏物語》中，光源氏所吃的「湯漬け」，就是泡飯；相傳戰國時代織田信長出陣前，也習慣吃上一碗泡飯，為的就是它的方便快速。因為它的簡便易食，使得茶泡飯在京都落地生根，是忙碌的京都商家日常生活中常吃的餐食。

雖然茶泡飯可以搭配添味的食材有很多，但用上高貴的鯛魚，不但顛覆原本給人的簡易料理之感，還多了一份優雅；嵐山有一家鯛魚茶泡飯專門店「鯛匠HANANA」，它的「鯛茶漬け御膳」，使用每天市場直送的真鯛，食材新鮮、料理手法細緻，是嵐山著名的人氣料理。

依照店家的建議，「鯛茶漬け御膳」的吃法，可是有步驟的。第一步，先吃鯛魚生魚片佐店家特製的芝麻醬汁；第二步，把沾了芝麻醬汁的鯛魚片，放在白飯上一起吃；第三步，最後再加入茶湯，成為名符其實的鯛魚茶泡飯。這種漸進式的吃法，一次可以享受三種不同的味道，實在很有趣。

坦白說，「鯛茶漬け御膳」所給的鯛魚薄切，份量真的很少，所以要用這種「漸進式」的吃法，每一個步驟所用的鯛魚份量都得很珍惜，以這一點來說，滿足度的確有點低。

左：「鯛匠HANANA」外觀設計得很有氣質

右上：進門後也是條竹林小徑

右下：以黑色與木色為主的室內空間

但是不用擔心會吃不飽，因為它會給你一桶白飯！使用丹波契約農家所產的越光米，黏性與甘甜度都很棒，配上米糠黃瓜、茄子、茗荷、大根等漬物，其實就能嗑掉一碗白飯。

上：「鯛匠HANANA」的鯛魚茶泡飯，一次可享受3種風味

下：最後所附的甜點也很有水準

「鯛匠HANANA」另一個值得稱許的地方，是它每一樣東西都很細緻，不僅是鯛魚薄切，野菜燉煮物、每月替換的一品料理（我吃到的是鯛魚玉子燒），甚至於最後的甜點，都有料亭級的水準，一如它的用餐環境，優雅細緻。

京都人說話委婉，碰到客人到家裡拜訪，到了吃飯時間還不離去，便會說：「要不要來碗茶泡飯呢？」就是下逐客令的意思，畢竟茶泡飯這種簡單的餐點，不是什麼拿來待客的好料，所以聽到這句話，如果傻傻地點頭，鐵定遭來京都人的白眼。

但是，這麼好吃的鯛魚茶泡飯，端出來宴客也絕對不失禮；不過，既然客人已經離去，還是留給自己，愉快地享用吧！

info

鯛匠HANANA
官網：http://hanana-kyoto.com/
地址：京都市右京區嵯峨天龍寺瀬戸川町26-1
Tel：075-862-8711
營業時間：11:00-賣完為止，不定休，但12月到3月中旬週三休
價格：鯛茶漬け御膳2,060日圓

飯後散散步

日本最美的竹林——嵐山竹林小徑

從「鯛匠HANANA」往天龍寺的方向，斜對面有一條小巷子，進去不到5分鐘就是「野宮神社」，後方的「野宮竹」，是嵐山代表性的景點——竹林小徑。

野宮神社雖小，但歷史悠久、香火鼎盛，還曾經在《源氏物語》中登場，與光源氏愛戀糾纏的女子之一「六条御息所」，因為女兒被選為「齋宮」，曾經陪女兒暫時居住在此。

平安時代，皇室中會選出一名未婚皇女為「齋宮」，代替天皇到伊勢神宮去祭祀，在出發到伊勢神宮之前，皇女會在清靜的嵯峨找個地方齋戒沐浴3年，所居住的地方便稱為「野宮」。事實上，每次做為野宮的地方並不相同，如今的野宮神社，是嵯峨天皇時的「齋宮」仁子內親王做為野宮的地點，由於野宮只用一代，之後就會拆除，所以建造得並不華麗，現在野宮神社門口那小小的黑木鳥居，木頭上依然可見未經加工的木紋，即是野宮最重要的象徵。

「齋宮」禁止談戀愛，但有趣的是，現在野宮神社卻是祈求良緣、子嗣與學問之地，一個神社可以祈求三種不同的願望，難怪總是湧進許多人潮。

野宮神社後方的「野宮竹」，高聳入天，生長得十分整齊，即使是在炎熱的夏天，漫步在竹林小徑上，也覺得很清涼，這裡不但是電影《藝妓回憶錄》中的拍攝場景，也是嵐山最優美的散策路線。日本很多地方都有竹林，但最美的，還是這一片嵯峨竹林。

右：黑木鳥居是「野宮神社」的象徵

左：嵐山代表性的景點「竹林小徑」

這種價錢的豆腐料理才合理！
とようけ茶屋 & TOFU CAFE FUJINO

とようけ茶屋
美味度：★★★
環境舒適度：★★★

TOFU CAFE FUJINO
美味度：★★
環境舒適度：★★★★

京都豆腐名滿天下，然而，我非淡泊風雅之人，也不怎麼喜歡豆腐，但是每次去京都，還是應景地吃豆腐，是給豆腐機會，也是給自己機會，期盼有一天自己真能領略它的淡雅。不過，我必須坦白地說，我很少遇見滿意度高的豆腐料理。

原因之一，價格太貴。京都的豆腐會席，前菜不外是胡麻豆腐、豆腐田樂、冷豆腐，主菜多半是野菜天婦羅、湯豆腐，再配上白飯、漬物、味噌湯，一整套下來，通常索價三到五千日幣；其實京都人在豆腐鋪買豆腐回家，每種價格約在二百日幣左右，因此每次吃完，我總是嘀咕：「不就是豆腐嘛！幹嘛要賣這麼貴？」

原因之二，沒有想像中的好吃。京都有名的豆腐老鋪一張紙都寫不完，或許是太多人吹捧的關係，在沒吃之前，總是滿心期待，吃過之後，常有「不過如此」之歎，雖然不錯，但有好吃到那個程度嗎？

豆腐好吃的祕訣有三：水、黃豆、技術。

京都是「水」的都市，右有鴨川，左有桂川，流經市區內的還有高瀨川、白川……，加上地下水豐富，做豆腐百分之九十要靠水，京都的水又是最適合做豆腐的「軟水」，難怪成為豆腐天國。

京都豆腐之所以出名，還有另外一個原因，是它的「絹豆腐」。

「とようけ茶屋」的豆腐料理好吃又便宜

招牌上的雷神與風神，象徵北野天滿宮的起源

左：「湯豆腐御膳」內容豐富，價錢是別家的三分之一

右：とようけ茶屋的「生湯葉丼」是人氣菜色

傳說豆腐是由漢代淮南王劉安發明，奈良時代由鑑真和尚傳入日本，但當時僅有僧侶、公家、武士才能享用，直到江戶時代才普及於民間。相較於日本各地做的是口感較硬的「木綿豆腐」，公家貴族群聚的京都，口味喜軟不喜硬，京都便發展出「絹豆腐」，絹豆腐的滑嫩讓其他地區的人大開眼界，名聲便不脛而走。

以前我總搞不清楚這兩種豆腐，誰是老豆腐、誰是嫩豆腐？自從知道「絹」是貴族所穿，代表滑嫩的「絹豆腐」，「棉」是平民所穿，代表口感較硬的「木綿豆腐」，這才記住兩者的差異。

以製作技術來說，把豆漿凝結成豆腐的凝結劑，雖然包含石膏、鹽鹵等各家不同，風味也略有差異，但以京都職人對家傳技藝自珍自重的性情，即使偶有失誤，必定也很快地校正過來；如果不是技術的問題，究竟京都豆腐未能讓我驚豔的原因，是什麼？

直到有一年在奈良一家知名的豆腐店，吃到充滿黃豆香、滋味非常濃郁的豆腐之後，這才知道，原來問題出在黃豆！根據日本農林水產省的統計，日本對黃豆的消費量每年約五十萬噸，但國內生產的黃豆僅占七．二％，其他全靠外國進口，其中以美國的比例最高，占六四．六％；不得不承認，使用日本國產黃豆所做出來的豆腐，就是比進口黃豆做出來的豆腐好吃！

從此，我便刻意尋找使用日本國產黃豆的店家，位於北野天滿宮前的「とようけ（to-yo-u-ke）茶屋」，就是用日本國產黃豆為原料，更重要的是，它的價格非常合理。

とようけ茶屋是創業於明治三十年（一八九七年）的「とようけ屋山本」自營的餐廳，由於とようけ屋山本實在太有名了，到北野天滿宮參拜的遊客經常慕名而來，一看，とようけ屋山本只有外賣，便問：「能不能在這裡吃

呢？」店主被客人問煩了，乾脆就在北野天滿宮前開了這間茶屋，讓客人「現場吃」。

這裡的「湯豆腐御膳」，除了湯豆腐之外，朧豆腐、生湯葉、飛龍頭、小菜、漬物，一樣不少，但價格僅是別家的三分之一；除此之外，以豆腐做成的丼飯，種類非常多，我特地點了一個「生湯葉丼」（豆漿表面凝結的那層豆腐皮），拌上甜甜鹹鹹的葛高湯，還有淡淡的生薑香味，也非常好吃呢！

便宜又好吃，當然吸引很多人前來，所以とようけ茶屋門口總是大排長龍，有些人嫌排隊麻煩，乾脆跑到斜對面「藤野豆腐店」所開設的「TOFU CAFÉ FUJINO」！

「TOFU CAFE FUJINO」吸引人的地方，倒不是它的豆腐料理有多美味，而是它的創新！它一改京都豆腐禪意、素雅的形象，以溫馨可愛的咖啡館出擊，店內布置以兔子為主題，超級卡哇伊。

這家豆腐咖啡館，餐點走的是現代和風家常菜路線，看起來清爽健康，米飯則是油豆皮炊飯，主菜可以選豆腐漢堡或米菓炸豆腐。我偏愛它的「豆乳起士蛋糕」，濃郁的起士中有淡淡的豆香，配上丹波黑豆咖啡，新鮮又有趣。

兩家的價位都在千圓日幣上下，吃豆腐料理，這樣的價格才合理嘛！

info

とようけ茶屋
官網：http://www.toyoukeya.co.jp/shiten.htm
地址：京都市上京區今出川通御前西入紙屋川町822
電話：075-462-3662
營業時間：餐廳11:00-15:00，賣店10:00-18:30，週四休
價格：湯豆腐膳1,100日圓，生湯葉丼860日圓（不含消費稅）

TOFU CAFE FUJINO
官網：http://www.kyotofu.co.jp/shoplist/cafe
地址：京都市上京區今出川通御前西入紙屋川町847-3
電話：075-468-1028
營業時間：9:00-18:00，年中無休
價格：豆腐家常菜套餐1,200日圓，豆乳起士蛋糕750日圓，黑豆咖啡500日圓

右：「TOFU CAFE FUJINO」餐點走和風家常菜路線

左：怕排隊的人只好去斜對面的「TOFU CAFE FUJINO」

飯後散散步

「北野天滿宮」摸摸牛頭長智慧

日本許多地方都有「天滿宮」，祭祀的是學問之神菅原道真，地位有點像我們的孔廟，許多中學生都會來參拜祈求考試順利；其中，京都的「北野天滿宮」與福岡的「太宰府天滿宮」，並列為全國一萬二千座天滿宮的總本社。

京都是菅原道真的出生地，他5歲能詠和歌，10歲能作詩，一路官拜至右大臣，卻遭政敵誣陷，被貶至九州太宰府，最後在太宰府抑鬱而終。

菅原道真最愛梅花，在他被貶至九州前，還特地與家中的梅花詠歌道別，等到他離去後，這株梅花太思念主人，竟一夜之間飛到他的太宰府宅邸，所以天滿宮裡種的是梅花而不是櫻花，每年2月底的梅花祭，總吸引大批人潮前來賞梅。

在菅原道真死後，京都風雨交加又打雷，出現了許多異象，被認為是菅原道真的怨靈作祟，天皇便下令修建北野天滿宮祭慰。

遊逛北野天滿宮時，會看到許多「御神牛」，相傳道真死後，本欲送往京都安葬，在出發時，載運棺木的牛卻突然不走了，因此出現道真不想離開的說法，只好將他改葬於太宰府。據說，摸「御神牛」的頭可以增加智慧，難怪每個前來參拜的學生，都拚命在摸牛頭呢！

北野天滿宮祭祀的是學問之神菅原道真

北野天滿宮內的「社殿」已被列為國寶級建築

只要看到牛，學生們必去摸牛頭長智慧

Menu

超細的「十割」蕎麥麵
蕎麥屋にこら

美味度：★★★

環境舒適度：★★★★

日本作家栗良平的《一碗清湯蕎麥麵》描述，在除夕夜裡，經濟拮据的母子三人來到一家蕎麥麵店，怯生生地問老闆：「能不能只點一碗麵？」老闆不以為意，並體貼地接待；往後每一年的除夕夜，老闆都保留一張桌子等候他們的到來，那一碗清湯蕎麥麵所代表的體貼與溫暖，成為一家人度過難關的精神支柱。

這個藉由日本人在除夕夜吃蕎麥麵的習俗所開展的故事，素樸溫暖，感動了許多人，讓許多日、韓企業奉為經營的圭臬。每次去日本，貪吃的我總是想多吃幾家店，因此很想效法這個故事，和老公兩個人只點一份餐點，保留再去另一家店的胃納量，但怕遭白眼的我，卻不太敢這麼做。

走進「蕎麥屋にこら」（Nikolas）之前，雖然查過資料，知道「にこら」是米其林一星餐廳，但因為對蕎麥麵興趣不大，我確實有股衝動，想要兩個人只點一份蕎麥麵，淺嚐即可。

但是一進入「にこら」，我立刻改變了心意，「にこら」和傳統的蕎麥麵店很不一樣，雖是傳統的町家建築，黑色的外觀、簡潔的線條，深處卻有一方小坪庭，時髦又不失傳統，直覺上，這樣的

「にこら」的蕎麥麵切得非常細，彌補十割蕎麥麵口感的不足

店，東西應該都很好吃。

「にこら」是由一對年輕的夫婦所經營，店主沼田宏一大學時代在京都住了十年，妻子圭子在岐阜的老家，是著名的美濃十割蕎麥麵店「吉照庵」；沼田宏一從吉照庵學習了美濃十割蕎麥麵的做法，回到京都，在西陣尋了一間古老的町家，重新改造成現代化住、商合一的「蕎麥屋にこら」。

「にこら」的菜單，除了各式冷、熱蕎麥麵之外，還有很多小菜可以讓客人喝酒，這麼豐富的菜單，讓我決定把胃袋獻出來，不但點了一份「ざるそば」（zalusoba，竹篩冷蕎麥麵）、一份「京鴨と九条葱の南ばんそば」（鴨肉與九条蔥的南蠻蕎麥麵），還多點了一份「旬菜セルクト」（旬菜精選）。

在古代，米、麥收成不好時，生長期短的蕎麥常做為賑災應急的食物，但早期並沒有做成蕎麥麵，把蕎麥粉加水、麵粉，做成切麵的形式，一般認為是在江戶時期才傳入；蕎麥這種植物很特別，土地愈貧瘠，生長的蕎麥就愈香，信州、甲州之所以成為蕎麥麵的故鄉，香氣十足的蕎麥與美味的水源，是重要關鍵。

相傳十八世紀東京神田有一家蕎麥麵攤，掛出「二八蕎麥麵」的旗幟，由於蕎麥粉製麵缺乏彈性，這個攤子使用蕎麥粉八、麵粉二的比例來做麵，且二乘八等於十六，一碗蕎麥麵只賣十六文錢，「二八蕎麥麵」之名便傳頌開來。

傳承自「吉照庵」手藝的「にこら」，是沒有加麵粉的「十割蕎麥麵」，十割蕎麥麵最主要是吃蕎麥的香氣，麵的彈性比較差，但

左：旬菜精選中的3樣冷菜，極具水準

右：旬菜精選中的天婦羅，星鰻厚、蔬菜甜

蕎麥香味易散，所以「にこら」每年秋天自茨城縣農家直接收購蕎麥後，就要以攝氏七度、濕度百分之六十冷藏保存，每天只取出要用的份量來研磨成粉。

蕎麥麵的製法，從要帶殼或去殼、機器磨粉或石臼磨粉、粗碾或細碾、濾粉的網孔要大要小……，甚至加水的溫度，都有不同的講究，創造出來的口感、香氣也不同；「にこら」的竹篩冷蕎麥麵，讓我印象深刻的，不只是香氣，更是它的麵條切得非常非常細，所以很柔軟，彌補了原本十割蕎麥麵缺乏彈性、口感不足的缺點，果然是傳承自名店的手藝！

日本許多食物常冠上「南蠻」兩個字，但風味完全不同，讓人對「南蠻料理」搞不清楚是什麼味道？其實「南蠻」一詞，是十六世紀葡萄牙船隊來到日本，日本人對他們貶抑的稱呼，現今一些帶有異國風味的食物，便統稱為「南蠻料理」；特別是過去日本料理中，很少使用氣味強烈的蔥、韮菜、大蒜這些食材，在關西常看到「鴨南蠻蕎麥麵」，指的就是加了蔥的鴨肉蕎麥麵。

「にこら」的鴨南蠻蕎麥麵，雖然九条蔥水嫩、湯頭鮮甜，但都比不上那兩片鴨肉，不但有鴨肉的野味，且火候適中、非常柔嫩，讓我覺得吃兩片根本不夠，所幸「旬菜精選」中，也有燻鴨肉，這才彌補了我的失落。

「旬菜精選」是三樣冷菜與天婦羅的組合，每一樣都很好吃，如果不是因為吃飽了，我實在很想再多點幾樣小菜來吃。坦白說，「にこら」的小菜水準，可不輸它的十割蕎麥麵呢！

info

蕎麥屋にこら
官網：http://www.sobaya-nicolas.com/
地址：京都市上京區智惠光院五辻上ル五辻町69-3
電話：075-431-7567
營業時間：11:30-14:00，17:30-20:00，週三休，每月第一、三個週二休
價格：ざるそば（竹篩冷蕎麥麵）980日圓、京鴨と九条蔥の南ばんそば（鴨南蠻蕎麥麵）1,650日圓、旬菜セルクト（旬菜精選）2,160日圓

鴨南蠻蕎麥麵裡有很多九条蔥

飯後散散步

西陣的賞櫻名所：雨寶院、千本釋迦堂、平野神社

從「にこら」往北，遇到第一條巷子左轉，不到2分鐘，就是京都在地人推薦的私房賞櫻地「雨寶院」。雨寶院雖小，卻種滿了不同品種的櫻花，觀音堂前的「觀音櫻」、本堂前的「歡喜櫻」、門口的「御衣黃櫻」，由於開花期各不同，從3月底到4月中旬，不同品種的櫻花相繼登場，長得非常密茂，風一吹，就是惹人憐愛的櫻花雪。

往東走10分鐘，過了千本通，沿著路標鑽進巷子裡，是創建於鎌倉時代的「千本釋迦堂」，裡頭的「阿龜櫻」也是京都名櫻。相傳建造千本釋迦堂時，工匠高次量錯了梁柱的尺寸而非常苦惱，妻子阿龜不忍，便建議丈夫將其他建材配合梁柱做修改；沒想到，千本釋迦堂完工後，阿龜覺得自己的建議讓丈夫很沒面子，竟然想不開自殺了！為了紀念阿龜，本堂前那棵高大的枝垂櫻，就取名為「阿龜櫻」。阿龜櫻開花時間較早，我去的時候，已經謝了大半，乍然一看，還真像個老婆婆呢！

相較於雨寶院的小而美、千本釋迦堂的一枝獨秀，再往西走，過了北野天滿宮，就會來到另一個名氣更大的賞櫻名所「平野神社」。平野神社有五十多種櫻花，開滿了一大片，傍晚時燈光點點亮起，另有一份迷濛之美。

右上：雨寶院雖小，但櫻花品種多

右下：千本釋迦堂有名櫻「阿龜櫻」

左：平野神社的櫻花隧道，夜晚燈火點點更迷濛

不會日文也會吃的家常菜

ほっこりや & 登希代

美味度：★★★★
環境舒適度：★★★

美味度：★★★
環境舒適度：★★★

擁有四百多年歷史的京都料亭「瓢亭」，第十四代店主高橋英一曾經說：「所謂的京料理，即融合了有職料理、精進料理、懷石料理與おばんざい的色彩。」但是貴族的有職料理、寺院的精進料理、從茶道衍生出來的懷石料理，個個莊重嚴謹、價格不斐，唯獨屬於庶民的おばんざい（obanzai，家常菜），才能讓人毫無顧忌地喝點小酒、吃點小菜。

我第一次去京都時，擔心換的現金不夠，吃飯時便特意找可以刷卡的餐廳，記得那天餓著肚子走在「大和大路」上，看到這家賣京都家常菜的「登希代」可以刷卡，馬上鑽了進去，吧台上各色小菜裝在一個個大碗公裡，看得我興奮極了，當時不會日文的我，立刻發揮「一指神功」的本領，看到什麼就指什麼，唏哩呼嚕一口氣點了十種小菜，把老闆娘嚇了一跳！

大快朵頤一番後，我才注意到，我這種吃法，在這裡簡直是異類！登希代是一家由母、女、兄三人經營的小

右：登希代菜色很多，每天至少十五、六種

左上：登希代的京都家常菜，很有媽媽的味道

左下：登希代是一家三口經營的小店

店，坐在吧台前的客人，都是和老闆娘極熟的老客人，即使菜餚如此琳瑯滿目，他們也只是點一、二道下酒菜慢慢吃，與老闆娘閒談幾句、話話家常之後，如果酒還沒喝完，才會再點一道小菜；或許我這種「餓死鬼吃法」讓老闆娘印象太深刻，過了二年再去京都，又走進登希代，老闆娘居然還記得我，只不過，第二次，我也學起京都人的模樣，悠閒地點杯小酒慢慢吃。

因為登希代，我從此愛上了京都家常菜，回台北之後學做菜，也特地去學關西風的家常菜。京都家常菜不像中華料理習慣的大火快炒，準備工夫麻煩得多，像涼拌菜的芝麻醬要先小火烘烤，再細心研磨出油，燉煮菜要先做好昆布柴魚高湯為基底，蘿蔔切成圓塊後還要修邊、再以洗米水煮過去除苦澀味……，乍看簡單的菜餚，其實做工都很繁複。

原來，「京都家常菜」其實並不「家常」，相較於關東地區把家常菜稱為「惣菜」，稱為「おばんざい」的京都家常菜，其實是源於「仕出料理」。過去京都商家在節慶時喜歡找「仕出屋」的專業廚師來家裡做外燴，家中婦女幫忙師傅一起做，耳濡目染之下便學到了師傅的手藝，配合著家人喜愛的口味，婆婆、媽媽、女兒一代代傳承下來，這才形成京都家常菜洗練的風味。

常見的京都家常菜，有佃煮沙丁魚、馬鈴薯煮肉、竹

右：ほっこりや除家常菜外，還有關東煮

左上：京都家常菜其實源於「仕出料理」

左下：：ほっこりや只有10個座位

筍海帶芽、豆腐渣……，各家有各家的味道，後來每次去京都，只要看到家常菜，總會吸引我走進去。有些店以吃到飽的型態經營，有些店做成咖啡簡餐，比較起來，還是那種在吧台上放著一大缽一大缽的菜餚，讓客人坐在吧台前喝酒吃菜的店，最有味道也最好吃。

另一家位於三条先斗町的「ほっこりや」，在二〇一三年十月出版的米其林指南中，是唯一一家進榜的京都家常菜餐廳（一星），這引起了我的好奇，便特地跑去吃吃看。

小小的「ほっこりや」只有十個座位，雖然菜色不及登希代多，但醋味噌拌九条蔥與螢烏賊、竹筍煮物灑上白糸昆布、炸鯖魚南蠻漬……，每一道都比一般的家常菜又再更精緻些，難怪會被列為米其林一星餐廳。

特別介紹「登希代」與「ほっこりや」，除了因為他們的家常菜好吃之外，另一個原因是，他們都有關東煮。

關東煮雖然源自於江戶，但是現在日本卻以「關西風的關東煮」為主流，關東風與關西風的關東煮，最大的差別是在高湯，關東風的高湯因為加了濃醬油，因此顏色較深，關西風的高湯顏色較淡，風味也較清爽。一九二三年發生關東大地震，當時關西動員了不少人力、物資趕去東京救災，為了讓大批災民能趕快吃到熱食，前去救災的關西人，便煮了關西風的關東煮給災民吃，從此以後，關西風的關東煮便在東京落地生根。

不消說，「登希代」與「ほっこりや」的關東煮，當然是關西風的關東煮；點些大根、雞蛋、牛筋、飛龍頭，再能喝碗熱呼呼的高湯，在冷颼颼的夜裡，真是最大的享受。

info

登希代
官網：http://www.tokiyo-gion-kyoto.com/
地址：京都市東山區元吉町42番地
電話：075-531-5711
營業時間：11:30-14:00，17:30-22:00，不定休
價格：各種家常菜420日圓起，各類地酒630日圓起，可刷卡

ほっこりや
地址：京都市中京區先斗町三条下ル，先斗町歌舞練習場對面2F
電話：075-213-2250
營業時間：17:00-21:00，週日、週一休，每月第三個週三休
價格：各種家常菜600日圓起，各類地酒650日圓起，只收現金

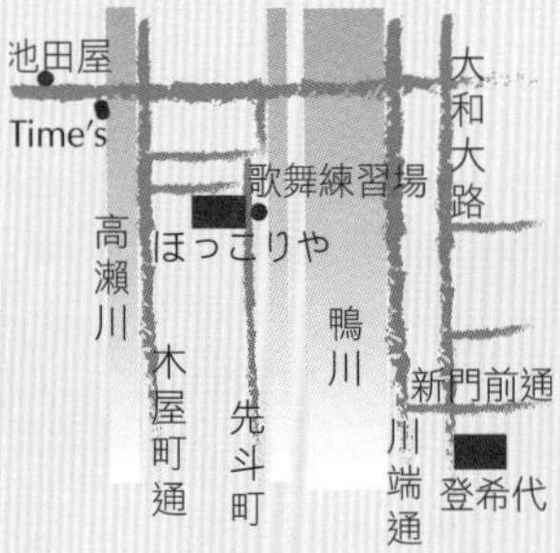

兩間家常菜餐廳都有關東煮

飯後散散步

在三条小橋遇見安藤忠雄

隔著鴨川，位於大和大路（又名「繩手通」）的「登希代」，與先斗町的「ほっこりや」，兩者的距離其實很近，這一帶餐廳、商鋪林立，一到夜晚更是燈火通明，不論是本地人或是外國觀光客，幾乎都穿梭在這裡的巷弄間覓食。

三条通與鴨川交會的叫「三条大橋」，旁邊與高瀨川交會的則是「三条小橋」，三条小橋南側有一棟清水模建築「Time's商場」，正是日本建築大師安藤忠雄在1984年所設計的作品；小小的商場與高瀨川連成一氣，一樓是一家餐廳，天氣好時坐在水岸邊，看著楊柳依依喝杯咖啡也不錯。

沿著三条再往東走一點，有一個小小的石碑，上面刻著「維新史跡　池田屋騷亂之址」，正是幕末時期新選組一戰成名的地點。當時提出尊王攘夷的長州藩志士，打算在祇園祭前放火，趁亂攻進御所，挾持孝明天皇到長州，眾人在「池田屋」密商時，被新選組得到情報，一舉殺進池田屋，重挫了長州藩在京都的勢力。

池田屋旅館，現在當然已經不復在，如今變成了一間居酒屋，在歷史情緒下，名字也取作「池田屋」，只是此池田屋，已非彼池田屋。

右：臨著高瀨川的Time's商場，出自安藤忠雄手筆

左：昔日的池田屋旅館，現在成了居酒屋

這不是炸豬排麵包，是炸火腿麵包，超級好吃！

まるき製パン所

京都兒時的味覺記憶

美味度：★★★
環境舒適度：★★

「什麼？京都家庭的麵包消費量，是全日本第一！」相信很多人聽到這樣的消息，都會覺得很意外。根據日本總務省針對各道都府縣所做的家計調查，在二〇〇八年到二〇一〇年，京都家庭對於麵包的消費數量，平均每年是六萬二千五百三十公克，比全國家庭的平均數四萬五千一百六十二公克高出許多；京都人真的那麼愛吃麵包？

日本媒體分析，京都人喜歡吃麵包的理由，是因為京都自營商家眾多，吃東西講求方便快速；除此之外，也與京都人喜好新奇、易接受外來東西的個性有關。這項調查中，還有另外一個有趣的數字，在麵包支出的金額方面，京都卻比消費量居次的兵庫縣所花費金額還要少，兵庫縣家庭平均一年買麵包的金額是三萬八千一百六十八日圓，京都家庭是三萬六千一百四十日圓，可見得便宜又好吃的麵包，才是京都人的最愛。

從京都街道上隨處可見的麵包店，可以確信這個調查結果不假。京都最有名的麵包店，要屬大正二年（一九一三年）創業的「進々堂」了；懷抱著對法國麵包的憧憬，進々堂初代店主続木齊，是日本第一個到法國學做麵包的人，還特地從德國進口烤爐，不過，當時進々堂所做的法國麵包，不合喜歡柔軟口感的日本人口味，因此生意並不好，但続木齊仍然堅持不懈地向京都人介紹正統歐式麵包。如今，進々堂在京都有十二家店鋪，每間店的生意都很好，而現在京都的麵包店，也以歐式麵包為主流。

不過，我想分享的麵包店，並不是名氣如雷貫耳的進々堂，而是在五条堀川附近的「まるき製パン所」，對於許多京都人來說，「まるき製パン所」的麵包，才是他們兒時記憶中的味道。

一九四七年創業的「まるき製パン所」，也是京都的麵包老鋪，但是它的風格與時髦的進々堂完全不同，而是身處於住宅區內，至今還只是一間小小的町家店鋪，工作人員也都是些婆婆媽媽。有趣的是，每位工作人員所穿的圍裙、包的三角頭巾，花色都不同，感覺上就像附近的鄰居，在家人上班上學的空閒時間來這兒幫忙，十足十的社區麵包店模樣。

「まるき製パン所」從早上六點半就開始營業，我一早來這兒買麵包當早餐，看到有學生騎著腳踏車來買麵包，

「まるき製パン所」親切地提供京都人早餐

京都隨處可見進々堂

也有上班族開著車子跳下來買麵包，都是專程而來，因為這裡的麵包，是他們對於麵包最初始的味覺記憶。

雖然早在明治初期，麵包的做法就已傳入日本，但是讓日本普羅大眾開始愛吃麵包，卻要到二戰以後。在日軍戰敗後，美軍帶來的巧克力、煉乳、馬鈴薯沙拉……，是那個戰後物資缺乏的年代，孩子們最憧憬的食物，而日本人運用洋火腿、美奶滋、番茄醬等做成的「料理麵包」，更受到大眾喜愛。人的味覺經驗很奇怪，即使年長之後，嚐遍了百味珍饈，時不時地，還是會想吃童年習慣的味道，就好像我們的蛋皮火腿三明治，有的時候，就是會懷念那塗在麵包上濃濃的美奶滋味。

我買了「まるき製パン所」最受歡迎的ハムロール（Ham-Roll）與カツロール（Katsu-Roll），又想吃點甜的，再買了一個灑著細砂糖的法國吐司，結完帳，就坐店鋪旁的長條凳吃了起來。

真是好吃啊！高麗菜絲爽脆、火腿厚實、麵包軟中帶勁，又有帶有淡淡的甜味，ハムロール與カツロール，雖然夾的都是高麗菜絲與切得很厚的火腿，但一個是火腿原味配美奶滋，一個是把火腿像炸豬排般油炸，再配上番茄醬，那麼簡單，卻有說不出的好吃。

至於法國吐司，吃起來乾爽不油膩，雖然灑了滿滿的細砂糖，卻沒有想像中的甜，本來只想嚐一口的我，卻忍不住吃完一口再吃一口。

台灣飲食受日本影響甚深，那素樸的古早味，也是我們很熟悉的味道，只是現在的台灣，似乎已經很少吃到那種味道了……

便宜又好吃的麵包，才是京都人的最愛

info

まるき製パン所
地址：京都市下京區松原通堀川西入
電話：075-821-9683
營業時間：6:30-20:00，週日、假日7:00-14:00，不定休
價格：ハムロール（ham-roll，高麗菜絲火腿卷）165日圓，カツロール（katsu-roll、高麗菜絲炸火腿卷）215日圓，法國吐司155日圓

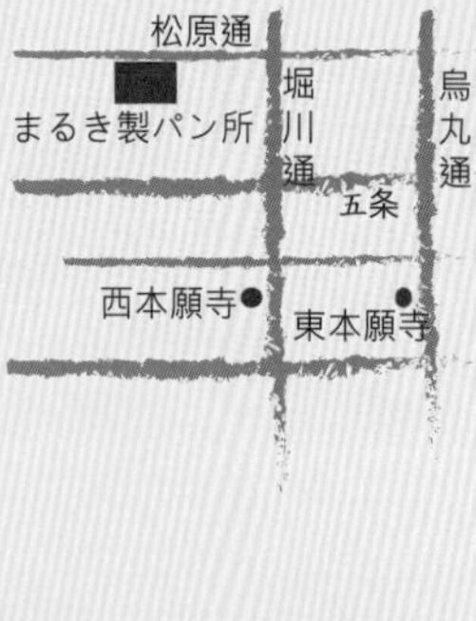

「新選組」只能蟄伏在西本願寺的一角

買了「まるき製パン所」的麵包後，可以沿著堀川通一直往南走，不到10分鐘，就是世界遺產「西本願寺」。

京都有「東本願寺」與「西本願寺」，兩者步行距離約15分鐘，兩座本願寺建築相近，都有御影堂與阿彌陀堂，只是左右位置剛好相反，東本願寺建築較宏偉，西本願寺歷史較悠久，因此只有西本願寺被列入世界遺產中。京都之所以會有兩座本願寺，其實是政治角力的結果。

本願寺勢力一向龐大，到了第十二代發生了領導人之爭，當時在豐臣秀吉裁奪下，決定了三子准如來當繼承人，雖然紛爭暫時平息，但等到豐臣秀吉過世後，蟄伏已久的德川家康展露野心，又怕一向與豐臣家交好的淨土真宗本願寺派勢力過大，於是把爭奪第十二代繼承人落敗的長子教如找出來，在本願寺東面給了他一塊地，讓他建立東本願寺；從此本願寺分家，准如與教如，都自稱是第十二代繼承人。

值得一提的是，西本願寺東北角，有一座太鼓樓，幕末時期曾經是「新選組」的屯所。新選組本來是個浪人組合，被負責守衛京都的會津藩收編後，負責維持京都治安並對付倒幕派的人士，在「池田屋事件」與其後的「蛤御門之變」中，協助幕府擊退長州藩而聲名大噪。

歷史形象的詮釋永遠是成王敗寇；維新之後，站在幕府一方的新選組，一度被維新政府描繪成是一群殺人不眨眼的劊子手，直到明治中期，許多舊幕府軍開始留下口述歷史、手札，成為作家的文學題材；1962年，司馬遼太郎的歷史小說《燃燒吧！劍！》、《血風錄》皆以新選組為題材，加上電視劇的改編，都把新選組打造成悲劇武士，才讓新選組的形象在大眾心目中徹底轉變。

東北角上的太鼓樓，是幕末新選組屯居之所。

在西本願寺遇到上班族集體來研修

沒有人抗拒得了的日式炸豬排
名代かつくら&西陣大江戸

美味度：★★★
環境舒適度：★★★★

美味度：★★★
環境舒適度：★★★★

「把麵衣和麵包粉加在豬肉上，再用油炸的豬肉排，對於孩提時代的我們來說，是最華麗的膳食……，一刀切下去，喀吱一聲麵衣裂開，麵衣沾上醬汁，連著肉、高麗菜，和著白米飯一起吃，這種醍醐味，恐怕沒有日本人會說不好吃。」

這是出生於東京淺草的小說家池波正太郎在《むかしの味》中，對於日式炸豬排的描述，池波正太郎十分喜歡洋食，這篇文章雖然描寫的是淺草外賣炸豬排店「美登廣」的兒時記憶，但是正如池波正太郎所說的：「日式炸豬排的這種醍醐味，恐怕沒有日本人會說不好吃！」從明治時期由東京銀座的「煉瓦亭」改良自西洋煎肉排，所創造出來獨特的日式炸豬排，早已席捲日本全國各地，更是日本三大洋食（咖哩、可樂餅、炸豬排）中的王者。

台灣人也超愛日式炸豬排，一到假日，不論是從日本跨海來台的「勝博殿」、「杏子」，或是台灣人自己經營的日式炸豬排店，總是一位難求，我是日式炸豬排的忠實粉絲，到

右：「かつくら」的三元豚與炸明蝦，都很好吃
左：西陣大江戶的「大とかつ定食」厚達3公分

京都，自然要尋訪好吃的日式炸豬排店。

京都最出名的日式炸豬排店，是一九九四年從河原町三条起家的「名代とんかつ　かつくら」，台灣觀光客常稱為「名代豬排」，其實前面的「名代とんかつ」是「有名的炸豬排」的意思，後面的「かつくら」（ka-tsu-ku-ra）才是店名。「かつくら」現在已經發展成橫跨關西、關東、九州的巨型連鎖店，但主要根據地還是在關西，光是京都就有五家店鋪，所在的位置像河原町三条、東洞院四条、寺町四条、京都車站大樓十一樓，都是觀光客進出之地，難怪台灣觀光客到京都，想吃日式炸豬排，「かつくら」即是首選。

「かつくら」的沾醬有3種

「かつくら」的炸豬排確實好吃，有一般的豬肉與山形縣三元豚兩種選擇，在日本，山形縣的三元豚非常有名，據說是用三種豬，各取其優點混合交配而成，因此售價比一般豬肉貴一點。

幾乎每一家日式炸豬排店，都有兩種肉質的炸豬排，一種是ヒレかつ（腰內肉，亦稱小里肌肉），雖然全是瘦肉，但肉質軟嫩，一隻豬只能切出兩條狹長形的腰內肉，所以腰內肉炸豬排通常都呈小圓形狀；另一種是ロースかつ（里肌肉，亦稱大里肌肉），肉質富嚼勁，油花多因此肉汁豐富，有些炸豬排店的ロースかつ，切得比較大塊時，依下而上，可以吃到顏色較白的大里肌、脂肪與顏色較深的梅花肉，三種不同的口感。一般來說，男性偏愛具嚼感的里肌肉，女性則喜歡較軟嫩的腰內肉。

我點了「かつくら」三元豬的里肌肉，果然鮮甜多汁，此外，「かつくら」每一種豬排都分成八十克、一百二十克與一百六十克，可依食量大小來選擇。除了炸豬排好吃之外，這裡的炸明蝦也很新鮮，醬汁有豬排醬、濃醬汁、柚子醬三種，只不過，無限續加的高麗菜絲、味噌湯與麥飯，要另加四百日圓，還算是可以接受的範圍。

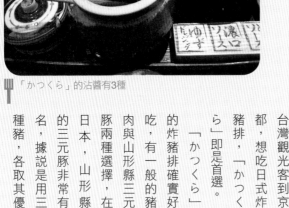

除了「かつくら」之外，西陣地區有另外一家「西陣大江戶」，炸豬排也非常好吃；最特別的是，一進門，整個庭院都是水池，石橋引領著客人進門，讓人懷疑，這真的是家炸豬排店嗎？

沒錯，這真的是家炸豬排店，而且在「食べログ」上的分數，「西陣大江戶」還比「かつくら」高！西陣大江戶最

吸引人的是它的「大とかつ定食」，份量竟有二百五十公克，而切開的每一塊豬排，厚度竟達三公分！這麼大一塊豬排，讓許多男生趨之若鶩。

炸過豬排的人都知道，太厚的豬排，其實很難炸得好，除了低溫油炸變熟，高溫油炸著色之外，還不能炸太久，得利用餘溫讓內側變熟，如果把豬排一直放在油鍋裡炸，外側的肉很容易失去肉汁變得太老。愈厚的豬排，就愈難掌握時間，但是西陣大江戶這個超厚豬排，不但內外熟度均勻，且肉汁豐富，正因為夠大夠厚，所以大里肌肉與梅花肉兩種不同的肉質，風味更加明顯。

除了「大とかつ定食」很讓人滿足之外，另一份點的「ミックスB定食」是腰內肉與炸蝦的組合，這裡的腰內肉也切得很大塊，但是炸蝦就不及「かつくら」的大明蝦好吃了。

西陣大江戶比較讓人不滿意的地方，就是高麗菜絲不能無限添加，高麗菜絲是日式炸豬排畫龍點睛的重要配角，所幸給的份量不算太少，否則就可惜了這裡的三種醬汁——日式醬汁、芝麻醬與梅子醬，各有不同的風味，澆在高麗菜絲上，剛好解了炸豬排的油膩。

info

かつくら
官網：http://www.fukunaga-tf.com/katsukura/
地址：京都車站大樓11F
TEL：075-365-8666
營業時間：11:00-22:00
價格：三元豚ロースかつ（里肌肉）160g為1,510日圓，三元豚ヒレかつ（腰內肉）160g為1,720日圓，膳セット（麥飯、味噌湯、高麗菜絲無限量）400日圓

西陣大江戶
地址：京都市上京區笹屋町通千本東入る笹屋町三丁目638
TEL：075-441-2022
營業時間：11:00-15:00，17:00-21:00，週一及週四休
價格：大とかつ定食（250g里肌肉）2,160日圓，ミックスB定食（mix B炸蝦＋腰內肉）1,940日圓

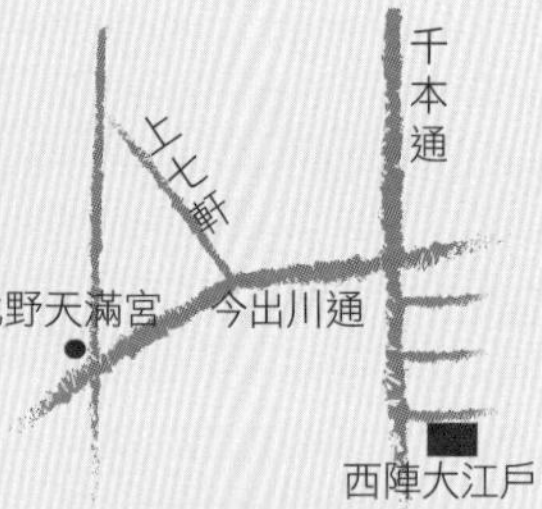

右：很難想像這竟是一家日式炸豬排店

左：「かつくら」是台灣觀光客熟悉的日式炸豬排店

右：年輕的舞妓鑽進了上七軒歌舞練習場

左：上七軒是京都五大花街之一

從七間茶屋開始的花街 —— 上七軒

京都五大花街中，只有上七軒離開了祇園一帶，在北野天滿宮旁邊，北野雖然也是京都觀光的一個重點區域，但畢竟遠了點，觀光客也較少，雖然上七軒仍保留十來間茶屋，但氣氛閒雅寧靜許多。

上七軒的形成，其實有段有趣的典故。西元1444年，北野天滿宮因一部分社殿被燒毀，室町將軍足利義植下令重建，重建餘留的木材，就在北野天滿宮旁邊的街道，蓋了7間茶屋，這7間茶屋被稱為「七軒茶屋」；後來豐臣秀吉在北野舉辦大茶會，七軒茶屋成了秀吉休憩之所，「上七軒」的名聲從此不脛而走。

上七軒在二戰之後一度蕭條，直到近年重新鋪上石板路，才又還原了花街的風情。著名的和菓子老鋪「老松」本店就在上七軒，值得一提的是，附近的「上七軒歌舞練習場」，是少數現存的木造劇場，我在上七軒閒逛時，看到一位穿和服的年輕女子，未化妝卻梳好了頭髮，第六感告訴我：「這應該是要準備去練舞的舞妓吧？」便跟在她的後頭，果然，她鑽進了「上七軒歌舞練習場」，看來「白天常有年輕的舞妓，在上七軒歌舞練習場出沒」的傳言，還真不是蓋的！

Menu

抱歉，今天湯頭沒有熬好，下次請早

豬一拉麵

美味度：★★★

環境舒適度：★★

朋友D告訴我，從四条寺町一直往南走，有一家很年輕的拉麵店「豬一」，二〇一三年才開幕，但已經擠進二〇一三年「食べログ」京都拉麵排行榜的第四名，比較起其他名列前矛的拉麵店都有點遠，豬一是觀光客很容易到達的地方；但是她說：「我去了四次都沒吃到！」

一次沒查公休日，碰到週一定休吃了閉門羹，一次賣完了，另外兩次，朋友D說：「我看到店員站在門口，不斷地跟客人鞠躬道歉，說：『今天的湯頭沒有熬好，師傅不滿意，所以今天沒辦法營業了，真的是非常抱歉！』我只好失望地離開……」朋友D的運氣真是超級衰，但是她愈挫愈勇，直嚷著說：「我還要再去第五次，一定要吃到他家的拉麵為止！」

聽完朋友D的悲慘遭遇，第二天中午，我

和牛拉麵可選白醬油湯底，顏色清澈透明

右：還好排隊人不多，約莫半小時就排到了

左：「豬一」的店面很小，卻是新竄紅的拉麵店

已經站在豬一的門口排隊。還好，今天店員沒有站在門口拚命跟客人道歉，等到我真的坐進了店裡的位子時，覺得自己的運氣實在超級好，我來第一次，就可以吃到豬一的拉麵！

豬一招牌寫的是「支那そば」，其實麵條與我們一般吃到的日式拉麵沒什麼不同；在日本，不同的拉麵店，有的寫成片假名「ラーメン」，有的寫成「中華そば」、「支那そば」、「南京そば」，一樣都是加了鹼水的黃色細麵。拉麵雖然在中國明朝時已傳入日本，但是真正大行其道卻是在二戰以後，在那個物資缺乏的年代，便宜的美國麵粉助長了日本麵食的發展，當時從中國戰敗回來的日本人，回到自己的家鄉以後，移植了中國東北的麵食記憶，讓拉麵走出了中華街，屋台（街邊攤販）拉麵開始在日本各地出現。

雖然是中華料理的脈絡，如今拉麵已成了道地的日本國民美食，透過不同的湯頭與配料，各地都有屬於自己風味的拉麵。以前看《電視冠軍》時，總是訝異那些拉麵師傅對於一碗拉麵竟有超乎異常的熱情，受到《電視冠軍》的荼毒，拉麵也成為台灣觀光客到日本必吃的國民美食。

京都當然也有很多拉麵店，一乘寺附近因為學生族群眾多，拉麵店林立，被視為是京都拉麵的一級戰區。讓我意外的是，京都許多有名的拉麵店，仍然以濃厚的豚骨湯頭為主流，而且大多很鹹，京都ㄟ！不是應該走清爽的醬油湯底嗎？

豬一，就是屬於我心目中的「京都風拉麵」。

豬一的湯頭，屬於清澈的醬油湯頭，而且分成兩種醬油，黑醬油（濃醬油）與白醬油（淡醬油）。北大路魯山人在《料理王國》一書中大力推薦淡味醬油，認為淡味醬油不但能讓煮過的食物外表比較美，味道也比濃味醬油好，「擁有敏銳味覺的廚師，必定使用淡味醬油。」有魯山人強力背書，我當然點了白醬油湯底的「和牛そば」，另一碗為示區別，則點了黑醬油湯底的「支那そば」，也就是一般的叉燒拉麵。

稀奇吧？竟然有「和牛」拉麵，而且一千一百日圓就可以吃得到！當然，別妄想是A5級的和牛，不過，豬一還是很負責任地在牆上公布了和牛的編號，證明不是「吉野家」級的牛肉；只不過，我必須很誠實地說，這牛肉煮得有點太老，沒有想像中柔嫩，反而是叉燒肥瘦均勻，豐腴柔嫩，非常好吃。

本以為白醬油的顏色，就像金蘭醬油的淡口醬油一樣，只是顏色稍淡一點，沒想到，這個白醬油的顏色真的很白，白到湯底幾乎呈透明色，喝了一口，嗯……，以我的口味來說，還是太鹹了！其實淡口醬油鹽分比濃口醬油多，所以比濃口醬油鹹，其實豬一的兩種湯底味道都偏鹹，到最後，我忍不住偷偷倒了冰水進去，這才覺得湯頭好喝，所幸沒被發現，否則，我一定會被師傅趕出去！

不過，豬一的拉麵還是很值得推薦，因為它是一碗每樣東西都很講究的拉麵！麵條細而有韌勁、半熟玉子味道濃郁、烤過的海苔爽脆，連白蔥絲與青蔥末，水分都很飽滿，最好吃的是它的筍干，又厚又嫩，比任何一家拉麵店的筍干都好吃百倍！

最棒的是，這裡有兩種一般拉麵店很少出現，卻是關西料理中常見的配料。一個是とろろ昆布（白糸昆布），是一種先將昆布經過醋漬後使其變得柔軟，再削成細絲，放一點在麵湯中更添風味；另一種則是清香的柚子皮，灑進去之後，整碗麵頓時變得高級了起來。

這樣一碗纖細至極的拉麵，誰說不是京風拉麵的代表？

黑醬油湯底的支那そば，叉燒、筍干一級棒

info

豬一
地址：京都市下京區惠比須之町528 エビステラス 1F
營業時間：11:30-14:30，17:30-22:30，週一休
價格：支那そば800日圓、和牛そば1,100日

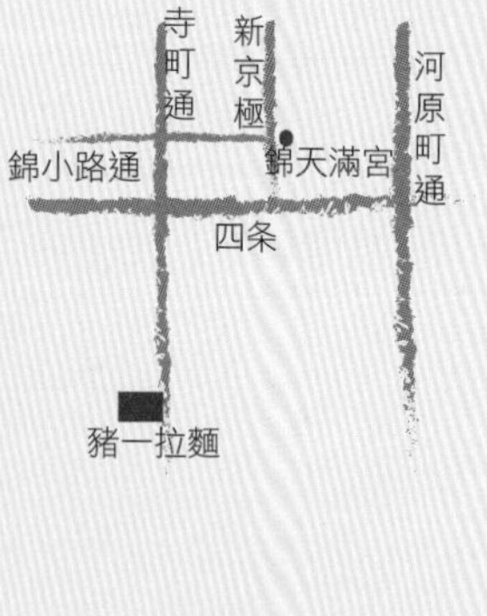

左：新京極是日本高中生畢業旅行必來之地

右：錦天滿宮除了求學問，還求生意興隆

藥妝殺手必來「新京極」報到

日本高中生畢業旅行必來的「新京極」，成衣、雜貨、土產、餐廳……，各式各樣的商鋪林立，但是在台灣觀光客眼中，來新京極最重要的理由是——藥妝大掃貨！

我不是藥妝殺手，所以沒有認真比過價，但從一些朋友那兒聽說，關西兩大藥妝戰區——京都的新京極與大阪的心齋橋，普遍來說，比東京的便宜，但是不同的藥妝店，常有不同的折扣，如果有心要買，還是貨比三家吧！

在新京極與錦小路交叉口，有一座「錦天滿宮」，雖是天滿宮的分支，但是地處於商業中心，除了求學問之外，還多了一項功能——祈求生意興隆，因此錦天滿宮雖小，但人潮可是絡繹不絕。

錦天滿宮也是錦市場的起點，而新京極左邊一條平行的商店街，就是「寺町京極」，從明治時代起，新京極、寺町京極、錦市場，是最熱鬧的商業中心；出國旅行最討厭的就是碰到天氣不好，但這三條商店都有屋頂，成了京都雨天散策的血拚路線。

不是「京」野菜，是「都」野菜
都野菜　賀茂&はーべすと

美味度：★★
環境舒適度：★★★★

美味度：★★★
環境舒適度：★★★★

「はーべすと」葷食的比例，比「都野菜 賀茂」高

旅行中雖然嚐遍各種好料，特別是在日本，少不了吃各種丼飯、拉麵……，但這些食物的蔬菜量卻少得可憐，所以在京都旅行中選一天，找家有蔬食料理吃到飽的餐廳，成為我在京都補充各種維生素與纖維質的方法。

這回去京都時，有兩晚剛好住在「都野菜 賀茂」附近，我打量了它足足兩天，終於決定在離開的那一天早上，來這裡吃早餐，但為什麼是早餐，而不是午餐或晚餐呢？

因為「都野菜 賀茂」雖然不是全素食，但是葷食的比例極低，只有像玉子燒、雞肉煮等「輕度」的葷食，我雖非無肉不歡，卻覺得午、晚餐若吃得太素，不免有些不滿足，因此挑了早餐時段去，反正我的目的只是補充維生素嘛！

「都野菜 賀茂」中午時段往往大排長龍，但沒想到早餐竟也座無虛席，想想也不奇怪，「都野菜 賀茂」最大的優點，就是不論早、午、晚都採吃到飽的模式，且價格極其便宜，以早餐來說，一人只要四百九十日圓，難怪會高朋滿座。

「都野菜　賀茂」，強調他們用的不是「京野菜」而是「都野菜」；如前所述，「京野菜」有特定的品種，平時常吃的番茄、高麗菜、洋蔥、馬鈴薯……這些外來種的蔬菜都不能稱為「京野菜」，店家只好另起爐灶再發明了一個名詞「都野菜」，凡是京都府生產的蔬菜，統稱為「都野菜」。

「都野菜　賀茂」雖然價格便宜，卻很強調蔬菜的品質，使用的是有機、無農藥或減農藥（減少農藥使用量達五成以上）蔬菜，料理方式則以家常菜為主。早餐的菜色雖然比較少，但是牛奶、果汁一應俱全，麵包竟然還是「進々堂」的小餐包，讓我忍不住多吃了兩塊！

家常菜吃到飽、餐具全用木製品的餐具，這樣的模式，讓我想起了另一家風格非常相近的餐廳，「はーべすと自然食バイキング」。

比較起來，「はーべすと」（ha-be-su-to），雖然也是主打蔬食，但是炸雞、烤鯖魚、薑汁豬肉燒等葷食的比例高得多；更重要的是，各式蛋糕、布丁、杏仁豆腐等甜點，種類更多。雖然價格比「都野菜　賀茂」貴一點，不過，如果是午、晚餐，我會建議去「はーべすと」，畢竟菜色種類更豐富。

我第一次去「はーべすと」時，是在京都車站前地下街Porta裡面，愛吃和食的我，當時覺得有這樣一間家常菜吃到

「都野菜　賀茂」裝潢以黑色與原木色為基調

「都野菜 賀茂」靠近四条烏丸

飽的餐廳，真是太棒了！坦白說，那些把菜餚一缽缽放在吧台上的おばんざい（家常菜）餐廳，比味道比特色，都遠勝吃到飽的餐廳一籌，但像我這種想吃很多種不同菜餚的人，海點一番之後，不免覺得有些貴，「はーべすと」菜色多，又不用擔心一不小心就花太多錢，深得我心。

「はーべすと」在日本各地有十八家店，是日本著名的餐飲集團create restaurants group旗下的餐廳之一，二〇一四年去京都時，發現Potra地下街的「はーべすと」已閉店，改在河原町四条十字路口的Mosaic Dining八樓營業，地點更加熱鬧方便。

但我也必須老實說，吃多幾次這種餐飲集團的餐廳，不免會覺得，實在是少了一點「人」的趣味；不過，對於想補充大量蔬菜，也不用擔心不會日文的觀光客而言，「都野菜 賀茂」與「はーべすと」，都是個可以輕鬆用餐的地方。

info

都野菜 賀茂
官網：http://nasukamo.net/
地址：京都市下京區東洞院綾小路下る扇酒屋町276
電話：075-351-2732
營業時間：7:00-10:00，11:00-16:00，17:00-23:00，不定休
價格：早餐490日圓，午餐880日圓（客滿限時60分鐘），晚餐1,350日圓（客滿限時80分鐘）；飲料喝到飽，無酒精300日圓，含酒精950日圓

はーべすと自然食バイキング
官網：http://www.create-restaurants.co.jp/
地址：京都市下京區四条河原町京都住友大樓Mosaic Dining 8F
電話：075-229-6101
營業時間：11:00-22:00，不定休
價格：平日午餐：大人1,399日圓，小學生799日圓，平日晚餐大人1,799日圓，小學生799日圓，假日不論午晚餐：大人1,799日圓，小學生899日圓，飲料喝到飽199日圓

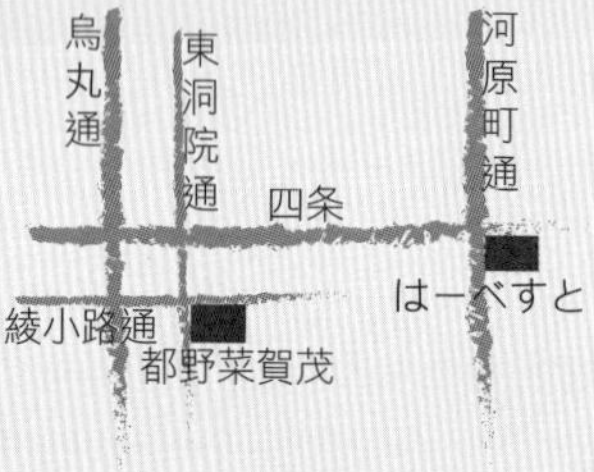

右：「都野菜 賀茂」早餐有「進々堂」的麵包
左上：找家有蔬食料理吃到飽的餐廳，補充維生素
左下：各式家常菜用木質餐具享用，更添溫暖

左：京都車站大樓功能與藝術性齊備

右：京都塔以燭台為設計概念

京都自助兩大住宿區塊比一比

京都自助旅行者，對於住宿區域的選擇，大多集中在兩個區域：京都車站與四条河原町；我只有在第一次去京都時住在京都車站附近，之後每次都挑四条河原町一帶，兩區相比，四条河原町實在有趣得多。

京都車站玻璃帷幕巧奪天工，建築本身可看性十足，但前方的京都塔，雖說是以佛教寺院的燭台為設計概念，卻在京都引起許多批評聲浪，有人形容，京都塔就像一根針，刺進了京都的心臟。雖然京都車站購物、餐飲很集中，但是每次看到車站前，那一排等候開往清水寺巴士的人龍，我就頭皮發麻，只想快速逃離京都車站。

四条河原町是京都另一個交通樞紐，各線公車與阪急電車交會於此，往左到四条烏丸有地下鐵，往右過了鴨川有京阪電車，對於京、阪區內的周遊，更加方便。

最重要的是，以四条河原町為中心，往東到烏丸通，往西到八坂神社，往北到京都市役所，每一條巷子都太好玩、太好逛了！老鋪商家、現代工藝、餐廳、酒吧、咖啡館林立，美食指數也高，每回到京都，我總流連在這一帶的巷弄間，每一次都有新的發現；不過，即使住宿在這麼方便的地點，每天還是走得腳脹痠痛，那是京都旅遊不能擺脫的宿命……

C

café 甜點

咖啡甜點，是京都另一道迷人的風景

京都有不少町家改建的咖啡館或甜點店，實際走進去之後，你會發現，它們實在太有趣了！於是，本來把咖啡館當作歇腳處的我，開始用另一種眼光來看待它，到後來，竟發現，光是把泡咖啡館當作是京都旅遊的一個主題，種類之豐富，多到讓你一個星期也泡不完。

到京都旅遊，查閱各種資料時，常會看到一個很重要的關鍵字，「町家」。相較於公家大名所喜愛的數寄屋建築，町家，則是屬於平民百姓的。

京都有天皇、公家、大名、武士，當然也有百姓，為了服務這些皇親貴冑，平民百姓多從事工、商業，因此發展出「町家」這種前面是店鋪，後面為住家的住商合一建築。京都人常用「鰻魚的寢床」一語，來形容町家門面窄、縱深長的建築特色，內部的坪庭，不但有採光的作用，在忙錄的日常生活中，更是一個能讓人喘息的綠意空間，別小看這一方綠意，其中匠心獨具者，不在少數。

根據京都市的規定，在一九五〇年以前，按照傳統的木造軸組構法所建的木造家屋，才可稱為「京町家」；據統計，京都市有四萬七千多處「京町家」，但十分之一荒廢無人居住，為了保留古都特色，京都市鼓勵民眾對於町家進行改建，但嚴格規定必須保留外觀原貌。

有一回到京都，住進一間町家改造的民宿，民宿老闆告訴我，要保持傳統的外觀，內部又得是現代化的設備，「所花的裝修費用，幾乎是我買屋房價的三分之一！」還好，政府給予優惠的貸款協助，才促使更多人願意投入町家的改造，讓京都在鋼筋水泥的攻城掠地之下，還能保有古都氣息。

對於觀光客而言，想要親近町家，一是住進町家改建的民宿，但町家民宿很熱門，不一定預約得到，另一個更方便的方法，就是找一間町家改建的咖啡館或甜點店，用一杯咖啡的價錢，來享受京町家的氛圍。

右：京都市鼓勵町家改建，以維持古都風貌

左：坪庭是町家建築的特色之一，常見主人的巧思

右：鍵善良房新開的Zen Café，傳達屬於現代的禪意

左：町家改建的咖啡館，常有出人意表的演出

京都有不少町家改建的咖啡館或甜點店，實際走進去之後，你會發現，它們實在太有趣了！古老的町家，可以像「Cafe bibliotic HELLO」，把隔間、天花板統統拆掉，變成風格獨具的咖啡館；也可以像「Salon de The AU GRENIER D'OR」，搖身一變，成為專賣法式甜點的沙龍；甚至也有氣派型的町家大戶，如「然花抄院」，化身為菓子、雜貨、咖啡、藝廊，四合一的精品café；當然，喜歡懷舊氣氛的，還有一堆昭和年代出生的咖啡館等著你。

於是，本來把咖啡館當作歇腳處的我，開始用另一種眼光來對待它，把它們做為京都的另一道風景，甚至列為必訪的「重點行程」；到後來，竟發現，光是把泡咖啡館當作是京都旅遊的一個主題，種類之豐富，多到讓你一個星期也泡不完。

更重要的是，這些咖啡館、喫茶室，常常有很好吃的甜點。

不可諱言地，每個人到京都，都想嚐嚐和菓子；如果說，東京的和菓子是「寫實派」，京都的和菓子就是「心意派」；因為有茶道的支持，茶會中所用的和菓子，是茶會主人心意的表徵，所以茶會主人舉辦茶會前，事先會與和菓子鋪溝通，研究該以什麼樣的點心，來傳達想要表現的意念，從四季節氣來發想色彩造型、用和歌詩文來為它取名，相互激盪下，京都的和菓子鋪，甚至會取材於著名的美術工藝，做出一款款令人讚歎不已的和菓子。

但有些著名的和菓子老鋪，卻低調到不行；例如從室町時代就有的「川端道喜」、從「虎屋」分家出來的「嘯月」，想吃他們家的菓子，不但要事先預約，而且只能外帶，店裡連展示成品的櫥窗都沒有，雖然他們的菓子真的很好吃，但對觀光客而言，委實不太方便，因此在這個章節中，我刻意刪除了這一類的店家，只介紹一些有附設喫茶處、咖啡館、甘味處，讓觀光客可以方便享用的店。

還好，京都的甜點店真的有夠多！據說江戶時代提供給公家的「御菓子司」，就有二百四十八家，這還不包括餅屋及饅頭屋，因此，即使歷經時代淘汰，部份老舖隨明治天皇遷都至東京，還是有不少菓子屋的本家或分家，繼續留在京都。

面對西式甜點的激烈競爭，傳統的和菓子舖也出現了危機，為了擺脫和菓子「老派」的印象，許多和菓子舖開始向年輕人招手；有些在本店之外，另闢美麗的茶寮，像靠近下鴨神社的「茶寮寶泉」，讓客人置身於茶室之中，對著精心設計的庭園享用茶點；也有像「鍵善良房」這樣來個大轉身，在本店的對街另開一間Zen Café，以時尚咖啡館姿態引導年輕人親近和菓子；甚至於，有些還會採取異業結盟的方式，如和菓子老鋪「末富」與生麩老鋪「麩嘉」，聯手研發出新產品。這幾年，京都的甜點世界充滿活力，許多人氣甜點都是現點現做，那是只有在店裡，才能享受到的美味。

雖然各種類型的菓子，都有自己的粉絲，但我發現，在京都，具有「透明感」的甜點，如葛切、蕨餅、寒天等，似乎最討好；大概是京都的夏天真的太熱了，那份「透明感」所帶來的清涼意識，不只在盛夏熱賣，一整年間始終人氣不

右上：室町時代創業的川端道喜，道喜粽深受明智光秀喜愛

右下：嘯月是虎屋的分家，所做的金團，細緻度京都第一

左：京都的法式甜點，不讓和菓子專美於前

右：具有「透明感」的甜點，在京都始終人氣不墜

左：京都有一堆充滿懷舊氣息的咖啡館

墜，當然，它們也是我在京都必吃的甜點。

除了和菓子之外，京都當然也有很好吃的洋菓子。在各種西洋食物中，日本人唯一沒有抗拒的，大概就是洋菓子了！從十六世紀葡萄牙人開始與日本接觸後，帶來的南蠻菓子，如金平糖、有平糖、蜂蜜蛋糕等，在日本大受歡迎；日本第一個吃到金平糖的人是織田信長，當時葡萄牙傳教士路易斯．弗洛伊斯在二条城晉見織田信長時，就帶著金平糖做為禮物，相對於織田信長對佛教勢力的厭惡，卻准許耶穌會在近畿一帶傳教，這種對宗教的差別待遇，讓許多人訝異，因此有人就開玩笑說：「大概是信長公太喜歡吃金平糖的緣故吧！」

當京都職人把那種求完美的精神，灌注在洋菓子身上時，就像「Pâtisserie Tendresse」所做出來的蛋糕，真是好吃到下巴要掉下來！但也就是這份不馬虎，讓這家蛋糕店一週只能開三天，是我在京都最難以忘懷的甜點。

不可諱言地，它們有些是甜點好吃，有些是環境吸引人，每家店出色之處雖有不同，但我盡量挑選環境與甜點兩方面，都屬上乘的咖啡館或甘味處，來與大家分享。

位於吉田山上的茂庵，是「市中的山居」

C

第一名的咖啡館，給第二次去京都的人
茂庵

美味度：★★★
環境舒適度：★★★★★

幾年前，朋友去京都，滿心期待地問我，有什麼地方非去不可？

金閣寺、清水寺……，那些與京都畫上等號的古寺，不用我說，誰都會去。想了想，我強烈推薦了「茂庵」咖啡館，「你走一段哲學之道後，可以彎過去，往吉田山上走……」茂庵的位置不好找，我絮絮叨叨說了半天，還叫朋友從茂庵官網把地圖印出來，不斷強調：「那是我心目中，京都第一名的咖啡館！」慫恿朋友務必造訪。

朋友果然按圖索驥，真的去了茂庵，回來之後，興奮地跟我說起京都有多麼迷人，但是提到茂庵，聲音中的興奮感突然不見了，「還好啦，是不錯啦！」透著一股「沒感覺」的情緒。

怎麼可能有人喜歡京都，卻不喜歡茂庵？

「因為我心裡一直想著，還要去南禪寺、平安神宮、二条城，時間根本不夠用啊！」朋友說出了他的心情，我才發覺，我犯了一個很大的錯誤。

是的，茂庵的美，是留給去京都二次以上的人品味，任何人第一次去京都，「慢」不得，也「靜」不下來，誰都想把那些世界遺產一網打盡，哪有心情去欣賞茂庵的美？

茂庵的美，需要放緩腳步，才能感受得到。從「神樂岡通」一路往山上走，似醒非醒的貓，躲在大正時期就已建造的民宅町家的巷弄中，只有把腳步放緩，以晃盪的閒心，才會注意到它的慵懶。

茂庵的美，需要等待，才能感受得到。雖然身處於吉田山上蒼鬱的森林中，但茂庵可是京都最具人氣的咖啡館，下午時分，往往需要等位子，所以店家會在門口放幾張椅子讓客人坐著等候，有了這段等待的時間，才能在林中「森呼吸」，也有機會好好地欣賞這棟古樸的木造二層樓建築物。

茂庵原是大正時期，在大阪從事新聞紙運輸業的谷川茂次郎所創設。從明治到大正時期，日本正處於接受西方衝擊的轉型時刻，社會風起雲湧、報業蓬勃發展，帶動了新聞紙業的興盛，使得從事新聞紙運輸業的谷川茂次郎，事業蒸蒸日上，能夠周旋於新聞界與文化界之中，谷川茂次郎雖是個商人，但也風雅地喜歡上茶道，更成為茶道「裏千家」的強力支持者。當時，他在吉田山上一共蓋了八座茶室，把整座山頭闢建成在森林中的茶苑，成為舉辦茶會的地點；只

右上：咖啡、柚子茶與鬆軟的手工蛋糕

右下：茂庵位置不好找，所幸沿路都有指示牌

左：茂庵是大正時代遺留的二層樓木造建築

可惜，現在只殘存了當時的「食堂棟」與「茶席」二棟建築。

谷川茂次郎的子孫把食堂棟改造為今天的茂庵咖啡館，重新對外營業，但仍然每個月舉辦一次對外開放的茶會，想要參加的人，還可以提前預約體驗茶道的氣氛。

茂庵雖然以容易親近的咖啡館姿態，展現在客人面前，但因為其茶道的初衷，讓它多了一份禪意；用素雅的茶碗來喝咖啡，吃一口鬆軟的手工蛋糕，古老的氛圍頓時變得摩登起來。

三面採光，讓茂庵像是座木造的格子之家

茂庵的美，更需要靜下心來，才感受得到。二層的木造建築宛如格子之家，從房梁、屋頂、窗檯、地板，每一塊木頭看來既新又舊；木格子的窗櫺三面採光，靠窗而坐，望穿樹木間綠意，竟能俯視京都市區街景，實在難以令人想像，明明在京都市區中，竟有著這樣的山中咖啡館，「市中的山居」那份獨有的清幽，讓茂庵成為許多京都迷心中，第一名的咖啡館。

但是請記得，京都第一名的咖啡館，是留給造訪京都二次以上的人。

info

茂庵

官網：http://www.mo-an.com/
地址：京都市左京區吉田神樂岡町8
電話：075-761-2100
價格：咖啡530日圓，手工蛋糕依款式不同，約400至500日圓

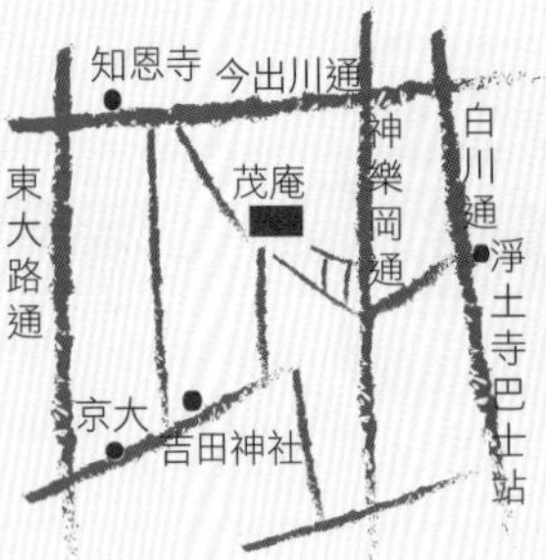

愛吃鬼一定要拜吉田神社

吉田山南麓靠近京都大學正門口附近，有一座吉田神社，雖然不是什麼世界遺產，卻是愛吃鬼一定要來參拜的神社。

吉田神社最著名的，是每年2月2日到4日的節分祭，八百個攤販與連續三天的祭典，把這裡妝點得熱鬧非凡。其中最受矚目的，是2月2日晚上所舉行的「追儺」儀式，戴著面具、穿著黑衣朱裳的方相氏，追著疫鬼滿山跑的驅鬼儀式，既神祕又有趣，因此吉田神社的節分祭，每年都吸引五十餘萬人次前來參拜。

吉田神社有數個小神社分散於各處，對於愛吃鬼來說，一定要去參拜的，就是「山蔭神社」與「菓祖神社」。

山蔭神社祭祀的是平安時代的料理大師藤原山蔭，每年5月8日山蔭神社的例祭，京都許多與料理相關的業者都會前來參拜，還會表演平常難得一見的「生間流庖丁式」。

至於菓祖神社，顧名思義，供奉的是菓子之神田道間守，根據《日本書記》記載，田道間守奉垂仁天皇之命，出外尋找長生不老藥，10年後帶回了種子，沒想到垂仁天皇已駕崩，據說當時田道間守帶回來的，其實是橘子的種子。

愛吃鬼如我，當然得找到山蔭神社及菓祖神社誠心參拜，祈求每天都能吃到美味的料理與好吃的甜點！

右：京都最著名的節分祭，就在吉田神社舉行

左：「山蔭神社」祭拜的是料理之神

Menu

從黑膠唱片中傳出的陣陣福音

GOSPEL

美味度：★★★
環境舒適度：★★★★★

坦白說，我是被那位帥哥老闆，給「勾」進去GOSPEL的……

從哲學之道轉進鹿谷通，過了「銀閣寺おめん」，轉角處有一幢白色洋房，牆上的長春藤正努力地往上爬，GOSPEL的老闆正好走出來，撞見我拿著相機猛拍這幢可愛洋房，臉上漾起笑容，做了個手勢，問我要不要幫我和這幢建築物一起合照？

帥哥老闆大概以為我是建築迷，因為這棟建築是由「Vories建築事務所」設計，Vories建築事務所創辦人威廉．梅雷爾．瓦歷斯（Willam Merrell Vories），是明治時期從美國來到日本的傳教士、英文教師兼建築師。瓦歷斯初到日本時，在滋賀縣商業學校擔任英文教師，由於學生眾多，還創立第一個日本中學的YMCA，沒想到，卻引發日本佛教界抗議，要求學校將他解聘；這一來，反而促使他成立建築事務所，後來更進一步成立近江兄弟公司，代理曼秀雷敦軟膏到

GOSPEL的咖啡與司康，香味撲鼻

日本。

太平洋戰爭爆發後，許多外國人紛紛離去，瓦歷斯不但留了下來，還歸化日本籍，改名叫一柳米來留，娶了日本太太，並設立圖書館、療養院等慈善事業，更留下許多日、洋風格混合的建築；北白川著名的「駒井公館」，與鴨川四条大橋的「東華菜館」，就是由瓦歷斯所設計。

GOSPEL的這幢白色洋房，現在一樓是古書喫茶室「迷子」，我從窗外看進去，似乎也是一個有趣的空間，二樓才是GOSPEL。一上去二樓，室內沒有一根柱子阻擋住視線，顯得好寬敞，一眼就看到後方的白色廚具，女主人正低頭做餐點，其實Vories建築事務所當初設計這棟房子時，是一間住宅，現在雖然成了咖啡館，但GOSPEL使用一九二〇年代的英國骨董家具，讓整個空間呈現出沉穩的居家氣息，完全實現了瓦歷斯「建築是為了讓人生活得更舒適」的理念。

我點的是司康（scone）與咖啡的組合，另外再點了杯自製的花草茶。趁著女主人在忙的時候仔細打量了室內，從外觀看到的六角錐，在室內變成一個單獨的個室，壁爐的邊緣還有些煙燻的痕跡，看來這壁爐並不只是個擺設而已。

除了骨董家具外，室內最顯眼的是一整面牆的黑膠

右：室內沒有一根柱子阻擋，視線無障礙

左：GOSPEL的白色洋房原先是以住宅為設計

唱片，正當我覺得黑膠唱片的音質怎麼這麼好時，才發現唱片下方的音響，是發燒友十分憧憬的JBL Paragon音響，難怪這裡會吸引許多樂迷，甚至偶爾還會舉行一些小型的音樂會。

剛烤好的司康端上來，烘焙的香味讓人垂涎欲滴，可以沾奶油或手工藍莓果醬，自製的花草茶香味撲鼻，我本來只想嚐嚐味道，沒有打算吃完，但是司康外表烤得酥脆，裡頭的濕潤度又剛剛好，實在按捺不住，只好吃個精光。

GOSPEL的中文是「福音」，原來店主是個虔誠的基督徒，在曾經是傳教士的瓦歷斯建築事務所設計的房子裡，開著一間「福音咖啡館」，只能說，歷史的巧合，莫過於此。

info

GOSPEL
地址：京都市左京區淨土寺上南田町36
TEL：075-751-9380
營業時間：12:00-24:00，週二休
價格：自製花草茶900日圓，司康＋咖啡1,300日圓

右：花草茶好喝，餐盤更美

左：菜單封面是手繪的GOSPEL外觀

在哲學之道，享受被櫻花雨淋的滋味

GOSPEL就在哲學之道旁邊的鹿谷通，每個人到京都，至少都要走一次哲學之道，走累了，剛好可以彎進鹿谷通，來GOSPEL聽聽音樂歇歇腳。

哲學之道因京都大學教授，也是日本哲學家的西田幾多郎經常在此散步而得名，西田幾多郎的著作《善的研究》，被譽為「日本人最初，也是唯一的哲學書」。

但是讓哲學之道聲名大噪的櫻花，卻要感謝大正昭和時期的日本畫家橋本關雪，橋本關雪的故居「白沙村莊」，就在哲學之道立牌旁的今出川通上，現在已改為橋本關雪紀念館。當年他曾在此種了三百株染井吉野櫻，成為哲學之道布滿櫻花的緣起，所以哲學之道的染井吉野櫻，又有另外一個名稱叫「關雪櫻」。

我第一次被櫻花雨淋到，就是在哲學之道上，至今想起，還是覺得浪漫指數破表。

櫻花含苞待放，更引人期待

哲學之道有今天的櫻花，要感謝橋本關雪

又見甜點老鋪最新力作
鍵善良房 & ZEN CAFE

美味度：★★★★
環境舒適度：★★★★

美味度：★★★
環境舒適度：★★★★★

很多人到京都，會特地到祇園四条上的「鍵善良房」吃葛切；冰鎮過後的葛切（くずきり，kuzukiri，從一種稱為「葛」的植物根部所取出的澱粉製作而成，煮熟後口感Q彈有勁），「咻！」一下子滑入喉間，夏天吃來直涼入心脾。葛切所沾的沖繩黑糖蜜入口時帶有特殊的香氣，也是一絕，加上祇園交通便捷，因此鍵善良房的葛切，是許多遊客到京都必吃的甜點。

鍵善良房是京都的和菓子老鋪，大約二十年前店鋪翻修時，在屋根下找到一只螺細紋樣的菓子箱，底蓋有「享保十一年」（一七二七年）的字樣，本來推測是在享保年間創業，後來又在倉庫裡發現留有元祿三年（一六九〇年）的相關紀錄，因此正確的創業年代，連現在的店主都不知道。京都許多老鋪對於自家創業史往往保留清楚的記載，像鍵善良房這樣知名的老鋪，卻搞不清楚自家的創業史，還真是少見。

鍵善良房創業歷史悠久，但譽滿天下的招牌甜點葛切，卻是到了昭和初期，為滿足到祇園嬉遊的旦那（老爺）們，才研製出的甜點。日本作家水上勉認為，這種甜點在「宿醉後的早上吃最好」，不知道是不是這個原

ZEN CAFE 沒賣葛切，只賣葛麻糬

因，鍵善良房比京都其他甜點店營業的時間都早，從九點就開始營業，但現代人習慣在下午吃甜點，所以旅遊旺季時，反而是在下午才會大排長龍。

只用吉野本葛、現點現做的葛切不僅好吃，所使用的食器也很美，是由第十二代店主特地拜託日本人間國寶黑田辰秋特別打造的；綠黑相間的食器上有著鍵善良房的標誌與豪華的細螺紋，掀開蓋子後，一層是黑糖蜜，一層是伴有冰水、冰塊的葛切，會設計成這個樣子，也是出於當時要把葛切外送給祇園老爺們的需求，真是結合藝術與實用的美麗食器！

鍵善良房有名的不只是葛切，另一款干菓子「菊壽糖」，外形是高貴的重瓣菊花，以「和三盆糖」製作，含進口中慢慢溶化的滋味細膩且純淨；平常賣的菊壽糖只有

上：菊壽糖形是一朵朵的重瓣菊花
下：鍵善良房本店位於熱鬧的祇園四条

紅、白兩色，但秋天有季節限定的彩色菊壽糖，更加繽紛多姿。

京都的和菓子老鋪近年來掀起一股熱潮，不是從建築空間切入、開起時髦的咖啡館，就是異業合作、進駐時尚咖啡館，但萬變不離其宗，都是改頭換面，以時髦的外表吸引年輕人的注意，為傳統的和菓子注入新的生命力。

就在二〇一二年，鍵善良房也搭上這部列車，在距離本店不遠的祇園南側，開設了「ZEN CAFE」。外表是幢低調不起眼的建築，但進去之後，北歐風格的家具、簡潔的空間、饒富情趣的小花草、隨意置於架上的幾本書，與年輕陶藝家所設計的器皿，把現代、居家、禪意這三種完全不同的氣息，結合得十分巧妙，完全讓人忘了這裡是祇園最熱鬧的繁華地。

新概念店當然要有新甜點登場，所以ZEN CAFE並沒有賣鍵善良房的招牌甜點葛切，反而研發了另一款新甜點「葛麻糬」（くずもち，kuzumochi），一樣是用吉野本葛製作，除了黑糖蜜之外，還可以灑上黃豆粉一起吃，因此比葛切多了一種滋味；但食物的奧妙也在於，即使是用相同的原料，形狀不同，滋味與口感就完全不一樣！變成大塊的葛麻糬，感覺像在吃布丁，兩相比較，我還是喜歡剛從冰水中撈出來，像

右：ZEN CAFE雖不大，但規劃成好幾個不同的空間
左：ZEN CAFE葛麻糬除了沾黑糖蜜，還可以沾黃豆粉

左上：鍵善良房現點現做的葛切一下子就滑進喉間

右上：鍵善良房裝葛切的食器是日本「人間國寶」黑田辰秋設計的

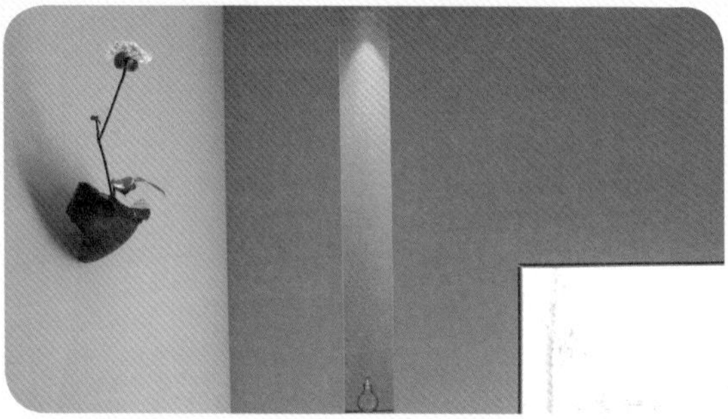

右：ZEN CAFE處處透著現代的禪意

下：ZEN CAFE窗外可欣賞祇園的町家建築

麵條的葛切！

ZEN CAFE的旁邊是菓子店，賣的是鍵善良房的干菓子（和菓子中，含水量低於百分之二十的叫干菓子，含水量百分之四十以上的叫生菓子，含水量介於兩者之間的叫半生菓子），但是店內陳列的方式一點也不像和菓子店，反而像藝廊，一顆顆美麗的干菓子置於玻璃罩之下，更覺得每一顆都是藝術品。

菓子店內的另一角，有師傅正在製作和菓子，常聽日本人形容製作細緻的料理或和菓子時，會用「丁寧」這個字眼，隔著玻璃窗，看著師傅每切一片都要用木尺仔細丈量後，才謹慎地下刀，著實體會到，什麼叫做「丁寧」啊！

info

鍵善良房本店
官網：http://www.kagizen.co.jp/
地址：京都市東山區祇園町北側264
電話：075-561-1818
營業時間：9:00-18:00，週一休
價格：葛切950日圓

ZEN CAFE
地址：京都市東山區祇園町南側570-210
電話：075-533-8686
營業時間：11:00-18:00，週一休
價格：葛麻糬＋飲料1,500日圓

ZEN CAFE隔壁的菓子店像座藝廊

右：何必館常態展出魯山人的作品

左：五樓的光庭與茶室呈現出明暗的對比

到何必館拜訪魯山人

祇園四条是京都最熱鬧的觀光地，聚集著眾多店鋪，其中有間「何必館．京都現代美術館」，在祇園逛街時，常一不留意就晃過去了，但這裡卻常態性地展示著北大路魯山人的作品。

出生於京都的北大路魯山人，是日本近代最具權威的美食家，常以尖刻的評論點出許多料理的缺失，他不僅親自下廚，為了追求料理美學，也十分注重食器的搭配與氛圍，碰到不滿意的食器，他乾脆自己燒製陶器來搭配料理，因此他不但是個美食家，也是個陶藝家、書法家、篆刻家、漆藝家。

雖然魯山人留下來的作品並不多，「何必館．京都現代美術館」卻收藏了許多他的作品，如果對魯山人有興趣，可到此一訪。

美術館的5樓，有一間茶室與光庭，茶室的幽暗，與自然光傾洩下來的光庭，形成一明一暗的對比，讓小小的美術館，增添了不少空間的趣味。

老松

「情願相思苦」的夏柑糖

美味度：★★★★

環境舒適度：★★★★

有一種菓子，是屬於「大人味」的菓子。菓子嘛，甜是必要的，帶點酸，大人小孩都愛，稱不上「大人味」，但多了一分苦，就不一樣了，那是只有大人才能體會的人生況味。

就像胡適也曾經寫下，「也想不相思，可免相思苦；幾次細思量，情願相思苦。」終其一生，胡適只有一位粗通文字的小腳夫人，面對人生中那些才華橫溢的絕世佳人，想愛又不敢愛、愛過又不能愛的心情，何嘗不是甜、酸、苦，交融的滋味？

京都「老松」的夏柑糖，就是這樣一款「情願相思苦」的和菓子。

創業於明治四十一年（一九〇八年）的「老松」，在京都動輒數百年的老鋪中，歷史不算太悠久，但據説老松的先祖，在古代卻是在朝廷公家祭祀儀式中，負責敬獻神饌（祭神儀式時，供放於神桌前的酒食）糕點的料理人，因此，老松暖帘上有著一行「有職菓子御調進所」，其涵意即在此。

老松每年四月一日開始販售到九月的夏柑糖，聞名全日本，雖然是季節性的和菓子，好在販售期間長達半年之久，春、夏又是國人

「夏柑糖」，甜、酸、苦，充滿大人味

赴京都的旅遊旺季，所以對台灣旅人來說，還是有很高的機率可以吃得到夏柑糖。

夏柑糖雖稱之為「糖」，其實是一種用寒天做成的果凍，只是這寒天果凍，是用日本原產種的夏蜜柑所做成；把碩大的夏蜜柑果肉挖出後，榨成果汁加入砂糖、寒天，再放回柑橘皮內，以果皮為容器的模樣非常討喜。

老松的「夏柑糖」，也讓我想起台灣的「微熱山丘」鳳梨酥。

因為夏蜜柑酸味很強，不像秋冬季節的蜜柑那麼甜，不是那麼受歡迎，特別是昭和五十年後，葡萄柚大舉入侵日本，許多日本農家不再種夏蜜柑，產量愈發稀少，但老松的夏柑糖，就是要用這種酸味很強的夏蜜柑才好吃啊！因此，老松只好拜託夏蜜柑原產地——山口縣萩的農家，為其特別種植夏蜜柑；隨著宅急便的興起，全日本各地都有客人來向老松下訂單，夏柑糖銷路愈來愈好，萩的農家所種的夏蜜柑，產量已不敷所需，因此老松近年又拜託和歌山的農家種夏蜜柑。

這個故事，是不是和台灣「微熱山丘」的故事很像？當年沒人要吃的土鳳梨，如果不是因為彰化的「微熱山丘」拿來做成鳳梨酥，聲名大噪後，土鳳梨又怎能再活過來？

老松的本店在上七軒，理論上，去老松應該要去上七軒的本店，但可惜的是，上七軒的本店只有外賣，不能現場吃，但嵐山分店附設甘味處，可以讓客人現吃，反正嵐山也是台灣遊客必訪之地，所以到嵐山店吃夏柑糖，比去本店更方便！

右：位於上七軒的本店，只能外帶

左：老松嵐山店附設甘味處，可現吃

更何況，嵐山分店一人份半顆的夏柑糖，份量也剛剛好；挖起一匙晶瑩剔透的果凍，入口時的甜蜜，一如初想起心愛之人時會湧上的喜悅；縈繞於口中的酸香，恰似相思時的纏綿；繼之而起的苦，更是相思獨有的惆悵；就是這甜蜜、酸香、苦澀，交融的滋味，在炎炎夏日裡，最是消暑，讓人總想吃它幾口，豈不是一款「幾經細思量，情願相思苦」的菓子？

除此之外，老松嵐山店裡，還有另一道人氣甜點「本わらび餅」（蕨餅）。兩層的黑色漆盒，一層放了些黃豆粉，一層底部較深，剛好可以把蕨餅泡在冰水、冰塊中，與「鍵善良房」葛切所用的食器，異曲同工。

夾塊蕨餅，沾點黃豆粉，淋上黑糖蜜，香甜Q彈，則是另一種親切的滋味。

info

老松（嵐山店）
官網：http://www.oimatu.co.jp/
地址：京都市右京區嵯峨天龍寺芒ノ馬場町20
電話：075-881-9033
營業時間：9:00-17:00，不定休
價格：夏柑糖半顆756日圓，一顆1,296日圓，本わらび餅（蕨餅）1,296日圓

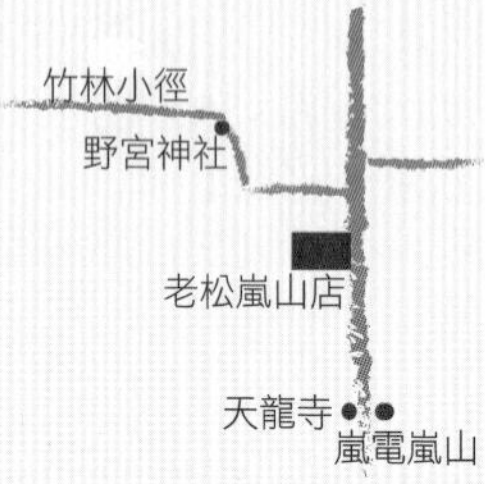

右上：老松的夏柑糖，用的夏蜜柑很大顆，酸味強烈

右下：蕨餅要灑上黃豆粉與黑糖蜜來吃

左：「老松」的蕨餅所用的漆器，與「鍵善良房」的葛切異曲同工

天龍寺名庭園要這樣看

任何人到嵐山，都不會錯過「天龍寺」；天龍寺所在地，本是龜山離宮，日本歷史上有一段「南北朝」時期，是逃出京都的後醍醐天皇，與足利尊氏擁立的光明天皇對峙的年代，傳說足利尊氏會建天龍寺，是接受了國師夢窗疎石的建言，把後醍醐天皇生前最愛的龜山離宮，改建為天龍寺，為後醍醐天皇祈禱冥福。

天龍寺不能不看的，便是夢窗疎石所作的「曹源池庭園」。夢窗疎石40歲開始作庭，把生、死、自然的意念，融入庭園，頗受後世景仰，天龍寺所有的殿宇，都是明治時代以後才重建，它之所以能夠列入世界遺產，就是因為這座由夢窗疎石所設計，從創建當時保留至今的庭園。

正因為名氣如此之大，第一次進天龍寺時，從「大方丈」殿閣的迴廊進去，我死命盯著白砂與水池，看究竟自己能悟出什麼樣的生死意念？但左看右看，覺得這池子好小，池上的石橋與石群也不怎麼樣，便在心裡嘟囔著：「比不上蘇州的庭園啦！」

豈料走到池子末端回頭一望，才驚覺：「這庭園好美啊！」原來我死命看著水池、白砂，根本就是看錯了！

看「曹源池庭園」要把視線放大放寬，連池身後的嵐山、龜山、愛宕山、小倉山，一起看，才是欣賞此庭之法。恰好此時群山楓紅點點，池為前景，山為背景，「大方丈」殿宇放在一角，才是它「借景」的精妙所在；於是我重新走一遍，把眼睛當廣角鏡頭，來回左右看，這才覺得此庭名不虛傳。

秋天的天龍寺，楓紅美，春天的天龍寺，後方百花苑更是花團錦簇，置身其中，真是十足的春瀾漫。

右：天龍寺百花苑，春天繁花盛開

左：天龍寺的庭園，是名庭中的名庭，要把視線放大看才好看

蕨餅，天皇竟然要賜封它？

茶寮宝泉

美味度：★★★★

環境舒適度：★★★★★

「茶寮宝泉」的蕨餅，京都第一棒

各種季節性生菓子讓客人自選

從室內往外望，處處綠意

京都有一種和菓子，叫蕨餅（わらびもち，wa-ra-bi-mo-chi），黑乎乎的外表，有的切成方型，有的做成圓形，灑上黃豆粉、蘸點黑糖蜜，吃進嘴裡，蕨餅的Q、黃豆粉的香、黑糖蜜的甜，混合成一種很親切的味道；但凡京都的甘味處，只要有賣蕨餅，必是當店數一數二的人氣甜點。

講究形、色皆要美的京都人，何以在各式美麗的和菓子中，會如此鍾愛這外表毫不起眼的蕨餅呢？原來在古代，蕨餅可是只有公家貴族才能吃到的點心呢！

蕨餅，故名思義，是從蕨根部所提煉出來的一種澱粉質，蕨粉的萃取過程，與葛粉很像，但是比葛粉更麻煩，磨碎、加水，經過無數次的洗滌，才能沉澱出蕨的澱粉質，還要經過長達一個月的時間乾燥；這麼耗費人力、時間，所得到的蕨粉，只有蕨根重量的百分之五，如此珍貴的食材，無怪乎，只有公家貴族才能享用。

在日本，講到蕨餅，人們便會想到關於蕨餅的一則故事。這個說法是，平安時代的醍醐天皇非常愛吃蕨餅，甚至愛到想賜予蕨餅「大夫」的頭銜，雖然不知是真是假，但這個故事充分地說明了日本王公貴族，是多麼地喜歡這種甜點。

即使到了現代，蕨粉的產量還是很少，據說一年產量只有二百公斤，而精度高的蕨粉，顏色接近於黑色、琥珀色，價格更是昂貴。現在日本超市雖然也可以買到蕨粉，但多半是添加了葛粉、馬鈴薯粉等其他澱粉質，很少能夠買到百分之百的蕨粉，也許正因為如此，我在京都吃過很多蕨餅，但每一家蕨餅的口感，都不相同。

其中，「茶寮宝泉」的蕨餅，是我吃過最好吃的蕨餅。

茶寮宝泉是京都有名的和菓子店「宝泉堂」所開設、可以內用的茶室，走到茶寮宝泉時，我嚇了一跳，因為它的氣勢，根本就像一間高級的料亭！

茶寮宝泉採傳統茶室的數寄屋式建築，沿疊石而進，左右兩側庭園一簡一繁，各有風格；茶室內部非常寬敞，區分成幾個空間，每一個空間都可以看到戶外的庭園造景，彼此相連又互不干擾，而且桌子不多，擺放的位置也很巧妙，似乎是要讓每一桌客人的視線都不會被擋到，真的是非常用心。

右：「茶寮宝泉」外觀氣派地像間料亭
左：「茶寮宝泉」採數寄屋式建築

連茶附上的小點，是宝泉堂的同名商品「ほうせん」，以及用丹波黑豆做成的「黑大壽」；「ほうせん」是用和三盆製成，鬆脆清甜，「黑大壽」則嚼感十足，光是這兩個「開胃小點」，就讓人對茶寮宝泉充滿了好感。

來茶寮宝泉的每一桌客人，必點的就是要等十五分鐘，現點現做的蕨餅。

放在青竹葉與玻璃高腳盃的蕨餅，滑溜清涼，我夾了一塊，發現這蕨餅的彈性、延展性，真是天下無雙！茶寮宝泉的蕨餅不用沾黃豆粉，我先嚐原味，與過去吃到的蕨餅完全不同，別家的蕨餅雖也QQ有彈性，但都沒有這般柔軟，不用加黑糖蜜，蕨餅本身就有黑糖的香味，真的是我吃過最好吃的蕨餅。

另一道點的是季節生菓子與抹茶組合，會端上各種生菓子讓客人選擇。我挑了綠黃相間的「金團」（きんとん，kin-ton，是一種裡面包餡，外表呈絨毛狀的生菓子，許多和菓子店會依不同季節，製作各種色彩的きんとん），取名為「春の野」，真是美麗的意境；搭配的抹茶，泡沫刷得很細密，澀味也不重，入口後，還陣陣回甘。

從茶室、蕨餅、生菓子到抹茶，茶寮宝泉無一不美，難怪在京都的甜點排行榜，茶寮宝泉始終名列前茅。

info

茶寮宝泉
官網：http://www.housendo.com/housen.html
地址：京都市左京區下鴨西高木町25
電話：075-712-1270
營業時間：10:00-17:00，週三休，假日的隔天休
價格： わらびもち（蕨餅）1,100日圓，季節上生菓子＋抹茶950日圓

名為「春之野」的金團與抹茶組合

「茶寮宝泉」的蕨餅延展性超厲害

女生到下鴨神社，別忘了拜河合神社

茶寮宝泉往南走，就是「下鴨神社」。所有京都的旅遊書，提及下鴨神社時，必會稱它是京都最古老的神社之一，因為在平安遷都以前，下鴨神社與上賀茂神社便已存在，當時兩者合併稱為「賀茂社」，後來才分一上一下；京都三大祭中，5月的「葵祭」是從御所出發，一路遊行到下鴨神社與上賀茂神社。

下鴨神社的建築並沒有特別宏偉，但境內很多有趣的小社殿，像是十二生肖守護神，讓遊客可以找到自己生肖的守護神來參拜；還有建立在神社水井上方的「井上之社」，別名「御手洗社」，不禁令人莞爾；御手洗社下方的「御手洗川」，在7月舉行「御手洗祭」時，會開放讓大人小孩泡腳，泡完腳後再喝神水，據說可以無病無災，非常有趣。橫跨在「御手洗川」上的「輪橋」與旁邊的白梅，吸引琳派大師尾形光琳畫了「紅白梅屏風圖」，從此這棵白梅就被稱作「光琳之梅」。

穿過鮮紅色的樓門之後，就是與下鴨神社一起被列入世界遺產的古代原始森林「糺之森」（tadasu-no-mori），在京都市區內，竟保留著這樣一片原始森林，令人覺得不可思議，古木參天的森林，還吸引日本許多時代劇在這裡拍外景。

但是對女生而言，遊下鴨神社，最重要的是到糺之森前段的「河合神社」來祭拜，因為它所供奉的玉依姬命，是女性的守護神，有「日本第一美麗神」之稱，因此這裡的繪馬（祈願時用的道具）設計成鏡子樣式，想變成多美，就靠自己畫囉！

右：輪橋、御手洗川與後方的樓門，是下鴨神社必看重點

左：每個女生都要畫一個鏡繪馬，來祈求容貌變美

昭和氣息，是什麼樣的味？
京都昭和出生的咖啡館散步

描述「後中年」戀愛心理的日劇《倒數第二次戀愛》，男女主角中井貴一與小泉今日子，常以「出生於昭和年代的人」來糗彼此的年紀，小泉今日子打算到鎌倉孤獨終老時，刻意找的是「昭和老民宅」，買下之後還要換上「具有昭和氣息的家具」，隨著這部戲大受歡迎，「昭和氣息」也被賦予了新的生命力。

究竟昭和氣息呈現的是一種什麼樣的氣質呢？從年代來看，昭和時期從一九二六年到一九八九年，所幸，京都有好幾間在昭和年間就開業的咖啡館，直到現在都還很活躍，走訪這幾家咖啡館，或許可以一探所謂的昭和氣息。

去了幾間之後，我把這些在昭和年代出生的咖啡館，分成兩派：一派是樸實派，一派是華麗派；本來嘛，昭和時期長達六十四年，相當於一個人從呱呱墜地到垂垂老矣的歲月，人的思想、世界的潮流都翻了好幾番，風格本來就不可能統一。

樸實派有昭和五年在京都大學北門前開業的「進々堂」、昭和七年在寺町三条的「Smart Coffee」、昭和十二年靠近上七軒附近由藝妓所開的「靜香」，還有昭和二十五年在河原町三

「六曜社地下店」出生於昭和25年

「靜香」老闆原為藝妓，一年後頂給了別人

「Smart Coffee」二樓有洋食午餐

条開業的「六曜社」。

現在看來有些低矮的桌椅、空氣中的咖啡香混合著淡淡的霉味、即使擦乾淨還是不太透明的玻璃……，似乎是這些「昭和樸實派」咖啡館的共同寫照，雖然每一家咖啡的布置不太一樣，但氣氛上，比較接近《倒數第二次戀愛》中，昭和老民宅的氣息。

要提醒的是，「六曜社」有兩個門面，一個是在地下室的「地下店」，另一個是一樓的「喫茶室」，彼此並不相通。昭和二十五年最初開業的是「地下店」，一度在有了一樓的店面後，地下店變成了酒吧，大概是想喝咖啡的人太多，所以地下店後來又端上了咖啡。

六曜社出名還有另外一個原因，就是一九六八年的日本學運，雖然該起事件起源東京大學的罷課事件，但影響所及，全日本都有大學生投入學運；當時京都立命館大學的學運學生就經常出入六曜社，六曜社更因後來自殺的女學生高野悅子的遺書日記《二十歲的原點》而聲名大噪。

在找六曜社資料的時候，看到六曜社老闆有一段訪問，坦言他從沒看過《二十歲的原點》，都是聽客人說起才知道；對於老闆來說，如何做出好喝的咖啡，可能比了解客人腦袋在想什麼，更重要吧！

被我歸類到「華麗派」的咖啡館，有昭和二十一年開業的「INODA」，以及同樣都在昭和九年出生，位於四条河原町的「築地」，與四条木屋町通的「フランソア喫茶室」（FRANCOIS）。

華麗派的氣氛比較像藝文沙龍，有趣的是，「築地」與「フランソア喫茶室」不但地點很近，且風格類似，都是紅絲絨的座椅、深色木飾牆壁，流洩的也都是古典音樂，簡直像雙胞胎！真要區別兩家店的差異，就是「築地」有個像羅密歐與茱麗葉故事中的小陽台，「フランソア喫茶室」則有個像歐洲教堂的超級大拱形天花板，據説當時會採用這樣的設計，是模仿歐洲豪華客輪大廳而有的靈感。

取自於法國寫實主義畫家米勒（Jean Francois Millet）名字的「フランソア喫茶室」，雖然是昭和九年創業，但改成現在的模樣，則是在昭和十六年的事。「フランソア喫茶室」在二〇〇三年被登錄為有形文化財，想來是因為把傳統的町家建築，改成歐式建築之故，的確，從低矮的門口進來之後，看到那巨大的拱形天花板，確實有股意外的驚喜。

INODA門口永遠停著一排腳踏車

上：「フランソア喫茶室」屬昭和華麗派

右下：「フランソア喫茶室」傳統的町家建築竟有拱形天花板

左下：要朝聖者，要來「六曜社地下店」

「築地」聽音樂喝咖啡，度過悠閒的夜晚

「築地」的慕斯蛋糕很綿密

其實「フランソア喫茶室」的初代店主，本來想成為畫家，但受到志賀直哉、武小路實篤等白樺派作家反戰思想的影響，「フランソア喫茶室」曾經成為京都反軍國主義思想的《土曜日》刊物的大本營，相關人士均被京都警察列為監視對象，甚至被拘留、監禁；當時咖啡店女職員一個人支撐著這家店，後來成為店主的妻子。

「フランソア喫茶室」與「六曜社」，不約而同都曾經成為反體制人士的聚會場所，有趣的是，一是自由主義，一個左傾，顯然昭和年代出生的咖啡館，不只是華麗與樸實的區別，還有左、右思想的交戰呢！

飯後散散步

昭和咖啡館散步地圖

INODA COFFEE：位於堺町通三条，昭和21年開業。營業時間：7:00-20:00，無休。早餐出名，洋食甜點種類多，最有名的咖啡是「阿拉伯珍珠」。

Smart Coffee：位於寺町通三条，昭和7年開業。營業時間：8:00-19:00，週二休。招牌甜點是熱蛋糕、法國吐司與布丁；2樓僅提供洋食午餐；5種咖啡豆每天新鮮烘焙，再置放兩天，採手沖滴漏的沖泡方式。

六曜社：位於河原町三条，昭和25年開業。營業時間：12:00-24:00，週三休。招牌甜點是炸甜甜圈；咖啡有淺烘焙、中烘焙、深烘焙的選擇。

築地：位於河原町四条，昭和9年開業。營業時間：11:00-23:00，無休。有3種蛋糕；招牌咖啡是維也納咖啡，亦提供酒飲。

フランソア喫茶室：位於木屋町通四条，昭和9年開業，營業時間10:00-22:45，不定休。蛋糕種類多；除咖啡之外，其他軟性飲料的選擇也很多。

註：「進々堂」與上七軒的「静香」比較遠，故未畫進地圖中，如果不擔心一天喝5杯咖啡會心悸失眠，這5家店，一天就可逛完。

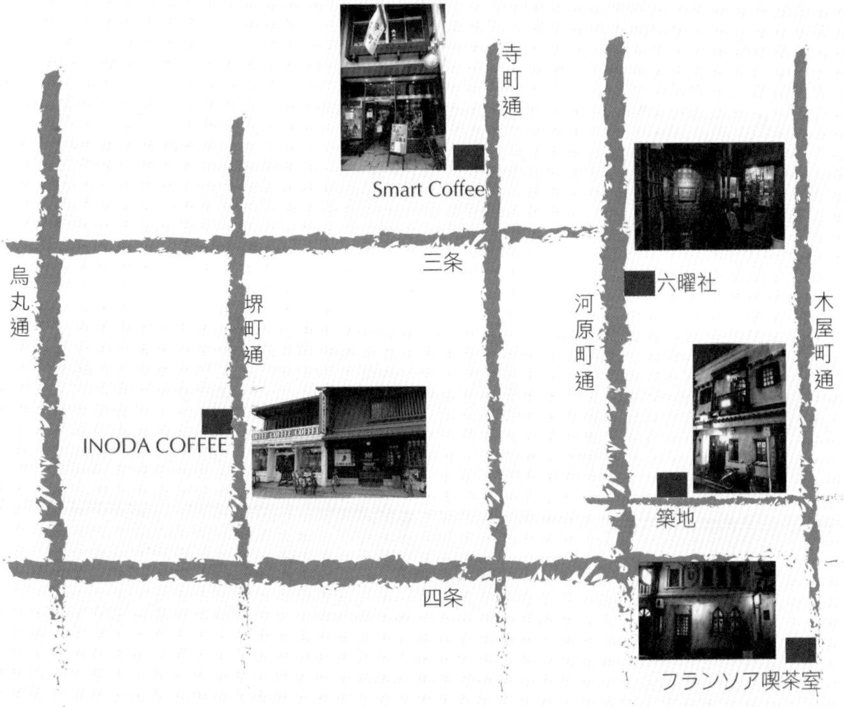

一週只開三天，好吃到下巴要掉下來的蛋糕店

Pâtisserie Tendresse

美味度：★★★★

環境舒適度：★★★

像我這種愛吃的人，到日本旅行，很多時候是為了吃，因此排行程時，常必須遷就店家的營業時間，出發之前查好店家的定休日，是一定要做的功課。

Pâtisserie Tendresse 是「食べログ」京都第一名的蛋糕店，是我此行的重點目標，但是一週只開三天（六、日、一），這麼少的營業日，對於觀光客而言，想吃到它真不容易。抵達京都的第一天剛好是星期一，坐著五路公車到「一乘寺下り松町」下車，找了一下，沒想到，名氣這麼響亮的蛋糕店，竟然是開在寧靜的住宅區內。

看看手錶，四點多，正是喝下午茶的好時間，正在為自己時間抓得真好而喝采時，卻看到店門口掛了個牌子：「本日の生菓子は完売致しました」。

什麼？賣光了！不是營業到六點嗎？還有兩個小時ㄟ！怎麼就賣光了？今天是週一，如果今天沒吃到，豈不是要等到週六？

一連串的驚訝與懊惱，在我腦袋裡拚命打轉，失望之

「Pâtisserie Tendresse」是京都食べログ排名第一的洋菓子店

餘，我還是不甘心，買了一片燒菓子吃，嗯……燒菓子用了很多不同的果仁、果乾，味道深層豐富，我問店員：「為什麼一週只開三天呢？」得到答案是：「因為真的太累了！」

還好，這次待在京都的時間夠長，到了週六，吃過午飯，我便直奔Pâtisserie Tendresse而去，為了彌補之前沒吃到的遺憾，我一口氣點了四個蛋糕！

四個蛋糕，很多嗎？不不不！Pâtisserie Tendresse只有四張桌子，來這兒吃蛋糕的人，每個人幾乎都點二個以上，加上大部分的客人都是外帶，難怪七早八早就會賣光。

我注意到，每一種蛋糕，店家都標出ABC的分類：A是冷藏取出後立即可食，B是冷藏取出後大約要等五分鐘再吃，C則回溫時間最長，至少要等十分鐘；冷藏溫度會對蛋糕的口味產生影響，從這一張小小的牌子，就可看出這家店對於蛋糕是多麼地龜毛。

這裡的每一款蛋糕，都有個有趣的名字。我點的第一個蛋糕名叫「Désir Rose」（欲望玫瑰），像是很單純的草莓奶油慕斯，但入口之後，竟有兩種不同的乳酪味道，既輕又濃，中間夾了一層微酸的草莓果凍，吃完還想再吃，真是充滿欲望；第二個蛋糕名字更好笑，叫「Brésilien」（巴西），是咖啡口味，表層的焦糖與淡淡咖啡香的慕

右：「Pâtisserie Tendresse」座落在一乘寺住宅區內

左上：「欲望玫瑰」有輕、重兩種乳酪的滋味

左下：日本洋菓子店大多愛取個法文名字

斯，已經很誘人，沒想到內層夾的是蘋果餡料，微酸又有口感，讓咖啡韻味更上一層。

吃了兩塊蛋糕，我一點都不覺得膩，反而對下一個蛋糕更加期待。

第三個叫「Saint Michel」（聖米歇爾山），一層一層的，顯然是取自聖米歇爾層層花崗岩的意象，口味是巧克力三重奏，再加上一層白色的牛奶風味，一共四層，巧克力的滋味由濃漸淡，不正像聖米歇爾山的海浪，一波接一波？

第四個叫「Framboisier」（覆盆子），是顏色最鮮麗的一款，綠色的開心果、黃色的奶油慕斯、紅色的覆盆子，吃了一口，Pâtisserie Tendresse 對溫度的堅持，令我恍然大悟；冷凍的覆盆子回溫後，咬下去，汁液才會在口中散開，不會硬梆梆，而且覆盆子事先用酒醃過，又多了一種香氣。

日本許多法式甜點店，都喜歡用法文來命名，Pâtisserie 是糕點的意思，Tendresse 則是柔情，據說這家店有三百多種蛋糕，每個營業日端出來的蛋糕不見得相同，但一款蛋糕至少呈現出三、四種風味，正如其名，搭配的都很溫柔。

難怪它一週只能開三天，這樣處處講究的蛋糕，做起來怎麼會不累？

info

Pâtisserie Tendresse
官網：http://www.kyotocake.com/
地址：京都市左京區一乘寺花ノ木町21-3
電話：075-706-5085
營業時間：僅週六、日、一11:30-19:00
價格：每款蛋糕500至700日圓不等

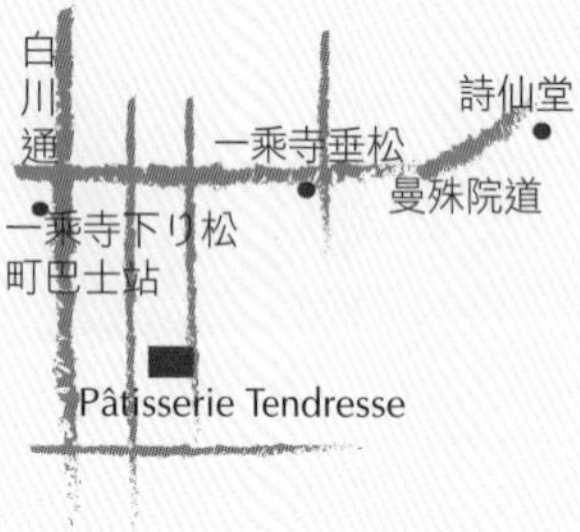

上：色彩鮮豔的「覆盆子」，有四層滋味
下：巧克力三重奏加牛奶風味，構成「聖米歇爾山」

右：詩仙堂的江戶名庭，等到秋天會更美
左：一乘寺垂松的第四代子孫，還沒長大

徜徉在三十六詩仙之間

Pâtisserie Tendresse 所在的「一乘寺下り松町」，看來像個住宅區，但它可是赫赫有名的日本劍客宮本武藏，與吉岡一門七十多人決鬥的地點；宮本武藏是日本小說、戲劇最喜歡的題材之一，在木村拓哉所主演的《宮本武藏》中，決鬥地標「一乘寺的垂松」，長得好高大，但是武藏迷慕名而來，想要瞻仰垂松風采，一看⋯⋯

不會吧！這棵松樹怎麼這麼小？

原來這棵松樹是當年那棵松樹的「四代目」啦！不過，到此一遊也別失望，過了這棵「小松樹」，再往下走沒多久，就會來到另一個清靜閑雅之地，詩仙堂。

詩仙堂的小木門，掛著一方木匾，寫著「小有洞」，連字跡都是淡淡的，一派隱世情調。沿石階而入，便是曾為德川家康近侍，後來成為日本漢詩、隸書名家的石川丈山為隱居而建的山莊；平安時代有公卿歌人藤原公任選出的「三十六歌仙」，石川丈山便從中國詩人中，選出李白、杜甫等，列為「三十六詩仙」，還請幕府畫師狩野探幽繪製肖像，佐以自己所寫的隸書詩句，懸掛於主室梁上，成為「詩仙堂」名稱的由來。

詩仙堂的庭園也是日本名庭，5月底有杜鵑，11月底有紅葉，姹紫嫣紅，燦爛生輝，但是我去的時候，既沒杜鵑也沒楓，倒是被老梅閣旁的山茶花吸引，白砂紅花，也別有風情。

錦市場旁的人氣洋菓子店
Salon de The AU GRENIER D'OR

美味度：★★★
環境舒適度：★★★★★

對於很多台灣遊客來說，一週只開三天、又遠在一乘寺的Pâtisserie Tendresse，可能有點難以親近，除了Pâtisserie Tendresse之外，京都當然也有其他好吃又地點方便的洋菓子店，錦市場旁邊的Salon de The AU GRENIER D'OR對大多數人來說，就容易親近得多。

坦白說，我本來並沒有打算去這家店，如果不是在錦市場隨意亂逛，肚子餓了去吃「富美家」的土鍋烏龍麵，瞥見旁邊有家很漂亮的洋菓子店，隨口問了一下富美家的工作人員：「隔壁的蛋糕好吃嗎？」這位工作人員點點頭，但露出了一種「怎麼連這家店都不知道？」的神情，彷彿我問了一個非常蠢的問題……。受到刺激的我，一吃完烏龍麵，就立刻拖著老公，走進Salon de The AU GRENIER D'OR。

回來之後查了資料，才知道那位工作人員會露出「這是什麼蠢問題」的表情，其來有自。Salon de The AU GRENIER D'OR的來頭可不一般，老闆兼主廚西原金藏，是日本第一個在法國米其林三星餐廳任職的甜點主廚，跟隨已故的法國三星名廚夏

西原金藏的招牌甜點之一，蘋果派

上：從外表看，就覺得這家店的蛋糕應該很好吃

右下：黑色基調的裝潢，把坪庭襯得更透亮

左下：甜點櫃琳瑯滿目

佩（Alain Chapel）多年，回到日本後曾經擔任銀座資生堂Parlour、L'osier的總製菓長，二〇〇一年在京都開了這家甜點店，Grenier在法文是倉庫的意思，日本稱倉庫為「藏」，Or則是「金」，原來，是用自己的名字來取的店名。

The AU GRENIER D'OR有內用店與外帶店，兩家距離很近，不過還是建議來內用店Salon de The AU GRENIER D'OR享受比較好。穿過門口的甜點櫃，進到後方的座位席，黑色的基調把中間的坪庭襯托得更透亮，這裡原來是棟八十多年的町家建築；京都，就是有那麼多的能人巧匠，把傳統的町家改建成時髦的店面，在這樣的空間吃法式甜點，真的很「京都」！

西原金藏最著名的甜點是「金字塔」，據說是在一九八七年，西原金藏跟隨著三星大廚夏佩，一起服務了貝聿銘為羅浮宮所設計的金字塔模型落成派對，當時西原金藏看到貝聿銘的設計，深受震撼，一直在腦袋中盤旋，如何將羅浮宮與金字塔的意象，做成法式甜點；後來西原金藏選擇巧克力，似乎暗喻了羅浮宮古老的石材建築，最後還是坦率地接受了貝聿銘大膽銳利的金字塔。我注意到，在「金字塔」的菜單上，有一句「我的Alain Chapel的回憶，1987」不但代表他創作這款甜點靈感的起源，亦是對影響他一生至鉅的恩師致意。

不過，我去的時候，巧克力金字塔竟然賣光了，所以無緣嚐到西原金藏最出名的甜點，但還有他的另一個招牌甜點──蘋果派，我趕緊搶點一塊來吃。蘋果派雖是法國最平凡的家常甜點，但可是西原金藏本人的最愛！

再平凡的甜點也有不平凡的美味，烤得很漂亮的蘋果派，果然派皮紮實，蘋果酸香！西原金藏選用九月中旬青森縣的「輕津」、十一月初的「紅玉」、十二月下旬的「富士」，根據不同季節，選擇不同的蘋果來做蘋果派；尋求食材最佳風味的季節，永遠是名廚成就料理的最高準則。

另外一款覆盆子乳酪甜點，坦白說，沒有想像中的出色，不過，刻意把表面的白巧克力鏤空心型，讓客人發揮破壞力的吃法卻很有趣；猛然敲碎，糊成一團慘狀，又酸酸甜甜，真像是被人拋棄後，失戀的滋味啊！

不過，這裡的柚子紅茶，意外地好喝，彌補了我沒吃到金字塔的遺憾；在這裡悠閒地喝著下午茶，旁邊喧鬧的錦市場，彷彿是在千里之外。

info

Salon de The AU GRENIER D'OR
地址：京都市中京區堺町通錦小路上ル527-1
電話：075-213-7782
營業時間：11:00-19:00，週三休，每月有一日不定休
價格：每款蛋糕400至600日圓不等，咖啡、紅茶470至700日圓

覆盆子乳酪口味普通，但吃法很有趣

右：就算不買東西，看看生鮮蔬果也會充滿幸福感

左：四百公尺的錦市場聚集上百家店鋪

京都旅行最後一站 ——錦市場

有「京都的廚房」之稱的錦市場，是錦小路中的一段，東起寺町通，西至高倉通，約四百公尺的巷子聚集了上百家店鋪，也是每次我在京都旅行的最後一站。

因為京都有太多好吃的東西，所以胃袋很珍貴，不容隨便在錦市場浪費掉，更何況錦市場除了生鮮食品外，熟食鋪極多，只要定力不足，很容易被誘惑。

但是把錦市場放在最後一站，就不同了！所有在京都想吃又來不及吃的東西，這裡變成了最後機會，「三木雞卵」的高湯玉子燒、「麩嘉」的麩饅頭、「伊豫右」的壽司、「中央米穀」的飯糰、「平野」的家常菜，還有隨處可見的山椒小魚、京漬物……，都成了我的目標。

我甚至還會買些乾貨，例如煮日式高湯用的柴魚片、昆布，或是做太卷壽司的瓢瓜干等，雖然有些東西台灣也買得到，但總覺得錦市場的東西就是比較好；當然，也有每次都很想買，卻沒買的「有次」刀具，深怕坐飛機時，會被當作恐怖分子抓起來。

常聽人說，錦市場的店家很專業，關於食材的知識與料理的做法，都可以向店家請教，但這種優點，對於像我這種日文極爛的觀光客來說，實在無緣見識。

不過，我倒是見識過錦市場店家超熱心的服務態度。有一回在京都買了一堆陶磁餐具，擔心坐飛機回台灣全都成了碎片，便想去錦市場買泡泡紙來打包，我走進一家雜貨鋪，比手劃腳和老闆娘說了半天，老闆娘終於搞懂了，但她家沒賣，老闆娘怕我語言不通就帶著我去買，我本以為隔壁幾間店就有泡泡紙，沒想到，老闆娘帶我走了好長一段路，進了一家藥妝店，還幫我向店員說明，終於讓我買到泡泡紙，我只好拚命向老闆娘鞠躬，來表達我內心的感謝。

其實就算不買東西，光看那些鮮美的野菜、叫不出名字的海鮮漁貨，吃幾口試吃的漬物小菜，錦市場也是個會讓人感到快樂的地方。

Menu

奢侈的和三盆冰綠茶
御室さのわ

美味度：★★★★★
環境舒適度：★★★★★

「御室さのわ」（sa-no-wa）是一家以氣質取勝的「和カフェ」。

「和カフェ」是一種有意思的定位；有小咖啡館的輕鬆悠閒，還有和風的趣味，與其說「御室さのわ」是間咖啡館，不如稱它為喫茶室，因為這裡主打的是日本茶，也有來自台灣的文山包種茶、木柵鐵觀音。

大部分人想喝茶，多半會喝熱茶，但在「御室さのわ」冷飲部分，有一款「グリーンティー（和三盆入り）」（Greentea）吸引了我，加了和三盆的綠茶？好特別！當然，也很奢侈。

喜歡吃和菓子的人，一定對「和三盆」不陌生。和三盆是日本最古老的砂糖，距離鑑真和尚第一次從中國唐代帶回二斤十四兩的砂糖，過了將近一千年，這種砂糖的製法才被研究出來；在這期間，日本只能依賴葡萄牙、荷蘭與中國的商貿往來獲得砂糖，因此砂糖被視為是非常貴重的奢侈品，一直到德川八代將軍吉宗的時

這一杯和三盆冰綠茶，真是國色天香

「御室さのわ」位於三叉路，還算好找

代，只有薩摩生產少量的黑糖。

從安土桃山時代開始，日本武士流行豪華的「大名茶」，喝茶要配菓子，砂糖稀少總不是辦法，在吉宗的鼓勵下，日本各地開始種甘蔗來製糖，讚岐國高松藩主命令專精蘭學的平賀源內研究製造砂糖，但還沒研究出來，平賀源內就死了。弟子向山周慶承其遺志，仍不得其理，後來好心救了一名來自薩摩的病患良助，良助為報其恩，教了向山周慶製糖的方法；幾經改良，一七八九年，向山周慶終於成功製造出日本最古老的精製白糖和三盆，香川與德島也因製糖技術與氣候適宜種植甘蔗，成為和三盆最重要的產地。

之所以稱為和三盆，是因為製作過程得放在櫻木盆上研磨三次（現在甚至有研磨四、五次），所以糖粉細密，風味清雅，甜度僅一般砂糖的六〇%，由於全程手工製作，產量稀少，價格昂貴，但像「落雁」（以米粉、糖為原料，混合著色後，放入模具壓製烘乾成各種形狀的菓子）這種干菓子，味道幾乎完全由糖來決定，想要呈現高雅的甜味，就一定得用三盆糖不可。

用和三盆泡出來的冰綠茶，會是什麼滋味呢？

喝過以後，我只能說，和便利商店賣的那種微甜的瓶裝綠茶相比，簡直是天壤之別！

右：燒菓子有點甜，正好配黑咖啡
左：細看白瓷碗，才發現暗紋

那些微甜的瓶裝綠茶，茶無茶香，更無茶味，甜過之後在舌頭留下的是酸；但是「御室さのわ」的和三盆冰綠茶，一小塊冰漂在濃綠的茶湯中，茶味鮮明，茶湯圓潤，甜味淡雅；一個是庸脂俗粉，一個是國色天香。

「御室さのわ」的茶好喝，還有另一個關鍵——水。這裡所有的茶，所用的水皆取自京見峠「杉板の船水」；「杉板の船水」屬適宜泡茶的軟水，京都雖有不少名井名水，但當年地下鐵開挖時，許多地下水脈被阻斷，不少名井現在已枯竭，此水所在地，是京都近郊交通易達之處，因此吸引不少愛茶之人專程來此取水。

再細看所用的白瓷茶碗，杯身有暗紋，極美；置於紅漆盤上，更豔；「御室さのわ」不只供應茶點，也兼賣雜貨，看了幾個茶碗、茶壺，價錢可不便宜。

這裡另一個吸引人之處，是每天供應十份菓道家津田洋子的蛋糕卷。

此次去京都前，朋友推薦我一定要去津田洋子在東洞院三条的「ミディ　アプレミディ」（Midi Apres-midi）吃蛋糕卷，我依言而去，卻發現它只外賣，而且要買一整條，我擔心吃不完所以沒買，看到「御室さのわ」竟有津田洋子的蛋糕卷，（菜單上的名稱是「おむろ」），立刻想點來吃，可惜的是，賣光了！只能感歎我和這蛋糕卷實在沒緣分。

退而求其次，點燒菓子來配咖啡，我選的是裡頭加了各種果仁果乾的燒菓子，雖是小小兩口，口感紮實，但比較甜，配上不加糖的黑咖啡，也不錯。

逛完仁和寺，走過來喝杯和三盆冰綠茶，你一定不會後悔；當然，如果能吃到蛋糕卷，就太完美了！

info

御室さのわ
官網：http://www.sanowa.shop-site.jp/
地址：京都市右京區御室堅町25-2デラシオン1F
電話：075-461-9077
營業時間：10:00-18:00，週一、二休
價格：和三盆冰綠茶570日圓，燒菓子＋咖啡810日圓

右：御室さのわ定位為「和café」

左上：店內有賣京都現代陶藝家所做的茶碗茶杯

左下：這些茶壺不僅用來看，也有拿來用

沒看到御室櫻，看到原谷苑媚惑人心的櫻

洛西名剎「仁和寺」，以「御室櫻」揚名，這種櫻花長得和別的櫻花不一樣，比較矮，而且一開開一整串，形成一片花海，煞是壯觀。但是，御室櫻要4月下旬才開花，我到仁和寺時是4月中旬，別處櫻花都快謝了，「御室櫻」卻只意思意思地開一、二朵，彷彿出來打聲招呼，真是很失望。

不過，仁和寺也有別的櫻花，五重塔周邊、金堂到鐘樓一帶，染井吉野櫻、八重紅枝垂、山櫻，倒是開了不少，不愧為賞櫻名所，早來晚到，都有櫻花可賞。

占地頗大的仁和寺，還有國寶級建築物「金堂」。金堂是江戶時代移築於京都御所的正殿「紫宸殿」，比現在御所的「紫宸殿還」要古老，只不過，原有的檜皮屋頂，已變成了瓦片屋頂。

沒看到御室櫻固然可惜，但仁和寺後方山上的「原谷苑」，是京都的賞櫻祕境，也是京都最媚惑人心的櫻花。京都賞櫻名所何其多，原谷苑的櫻花再美，又何以是「最媚惑人心」呢？

因為原谷苑的櫻花，不是一株、一排、一片，而是一整個山坡！一整個山坡的櫻花，把空氣染成粉紅色，已經夠迷人了，但視線的中上方是櫻花，下方卻是白、黃、紅、紫的其他花卉，色彩如此斑斕，怎不是最媚惑人心？原來原谷苑其實是一個花圃，專業販售各種苗木，既是花圃，就不會只有櫻花，長於山野緩坡之間，雖是人工種植，卻渾然天成，絲毫不造作。

原谷苑的位置，恰好位於金閣寺與仁和寺中間的山頭上，坐巴士M1上去班次少，很麻煩，倒不如在金閣寺或仁和寺坐計程車上去，其實車資不到一千圓日幣。

「金堂」原是京都御所的紫宸殿

飯後散散步

上：原谷苑櫻花渾然天成，色彩斑斕

右：仁和寺的五重塔，是江戶時代寬永年間所建

左：原谷苑從室內望出去，別有一番風景

花與菓，都向著適當的身姿 然花抄院Zen Café

美味度：★★★★
環境舒適度：★★★★★

「然花抄院」是大阪老鋪「長崎屋」推出的新品牌，有多款進化版的長崎蛋糕

在「然花抄院」的門口，我真是傻了！「這是町家嗎？怎麼這麼氣派！」

傳統町家建築是狹長型，門面不寬，但是然花抄院的門面卻寬大得驚人，「莫非是把長型的一面拿來當店面？」帶著孤疑的心情掀開暖帘，原來左邊是和菓子與雜貨合一的店鋪，右邊是茶寮Zen Café，中間的長廊區隔了兩個空間，沿長廊過了中庭，後方另一個空間竟然是藝廊！

我趕快查一下資料，位於室町通的然花抄院，確實是改建自元祿十三年，也就是三百年前的町家建築，原本是間「吳服屋」（和服店）。頓時我恍然大悟，室町通自古以來就是一條「和服街道」，經營得當的和服商家都是大戶人家！販售處內有一間奇怪的小個室，是原來的吳服店所留下來的「藏」（倉庫）改建而成，我仔細打量了一下，發現門眉上有個「譽」字，啊！原來所謂的吳服屋，就是開「素夢子古茶家」的老鋪「譽田屋」，難怪這町家建築會如

暖帘上的一橫四點，代表「然」

此氣勢磅薄！

「譽田屋」品味非凡，「然花抄院」也不遑多讓。改建後的然花抄院，中間的通道還保留了當時遺留下來的爐灶，支撐古柱用的磚石，竟然是以前北野路面電車行經的磚石；古老的町家藝廊內，展示的是現代藝術家的作品，和菓子與雜貨合而為一的販售處，設計得像個精品店。但是，然花抄院是二〇〇九年才創立的新品牌，背後主人，究竟是何方神聖？

原來是來自大阪，以長崎蛋糕聞名的製菓老鋪「長崎堂」。

長崎堂的歷史雖不若譽田屋般悠久，卻也是大正八年（一九一九年）就已開業的菓子鋪，當時大阪還沒有正統的長崎蛋糕，「長崎堂」是第一個傳入正統長崎蛋糕的菓子店，除了長崎蛋糕之外，嚴選上等原料所做的其他菓子，如銅鑼燒、水晶碰碰糖，也非常出名。

更讓我訝異的是，在長崎堂的官網上，秀出了許多長崎堂在昭和年間所設計的海報、看板、包裝袋，即使是現在看來，仍然覺得很漂亮。原來，長崎堂與許多藝文人士交情深厚，不但曾經在包裝紙上，用了日本白樺派代表作家之一武小路實篤的畫，還曾邀請版畫家前田藤四郎設計看板。從以前到現在，長崎堂的行銷設計，一直走在時代尖端，既富人文氣息又很新潮，難怪會營造

左：中央走道保留著古爐灶，柱子用的磚是老電車行經的磚石

右：菓子鋪與雜貨合而為一，像是間精品店

出然花抄院如此脱俗的氣氛。

坐進茶寮Zen Café綠色的北歐沙發，與中庭的綠意正好相呼應；來這裡，當然要點與カステラ（ka-su-te-la，長崎蛋糕）相關的菓子，以「然ノ膳」為名的菓子與飲料組合，千圓日幣左右，不算貴。

我點了一份「雪花冠」，是抹茶口味的長崎蛋糕，中間還夾了層抹茶奶油；另一份「聖花霜」，做成直筒狀，上面有一片鹽漬櫻花，以及櫻花口味的卡士達醬；兩種都是長崎蛋糕的進化版，口感十分紮實，顯見是嚴選原料而做成。

「花も、菓も、然るべき姿へ。」（花與菓，都向著適當的身姿），簡單卻富禪韻，或許，這就是然花抄院想要傳達的意念。

info

然花抄院Zen Café
官網：http://zen-kashoin.com/
地址：京都市中京區室町二条下ル蛸藥師町271-1
電話：075-241-3300
營業時間：菓子鋪10:00-19:00，Zen Café至18:30，每月第二、四個週一休，假日的隔天休
價格：然ノ膳（菓子＋飲料）1,000日圓

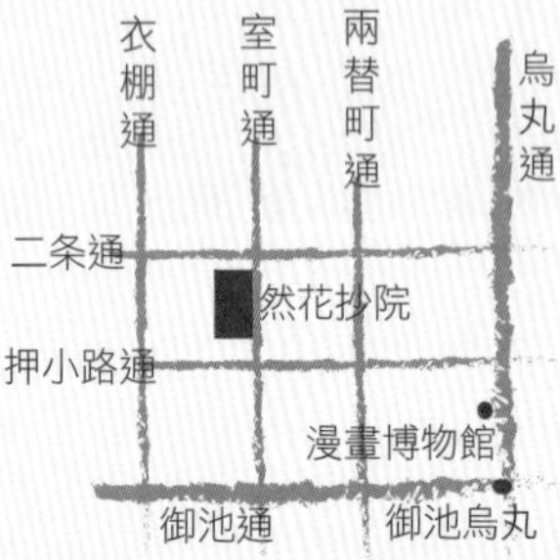

右：抹茶口味的長崎蛋糕，嚴選原料，口感紮實

左：藝廊裡展示著現代藝術家的作品

漫畫迷必來朝聖之地——京都漫畫博物館

許多人與日本的第一次接觸，大概是日本漫畫吧？

直到現在，我還是改不了小時候的稱呼，小叮噹就是小叮噹，偏偏長大後改叫《哆啦A夢》、怪醫秦博士改名《怪醫黑傑克》，我最愛的千面女郎也變成《玻璃假面》，譚寶蓮成為北島麻雅，雖然比較接近日文原文，但怎麼都唸不習慣。

如果你是日本漫畫迷，在地下鐵「烏丸御池駅」旁邊的「京都國際漫畫博物館」必是要來朝聖的地點。前方的大草坪，象徵著「京都國際漫畫博物館」改建於龍池小學舊校地的歷史，堪稱是老舊建築再造的範本；館內除了主題性的漫畫特展之外，2樓的圖書館，更像是一間大型的漫畫書店，不只小孩，連大人都低頭猛K漫畫。

一時興起，想找等了三十年，卻仍未等到結局的千面女郎（恕我還是這麼稱呼它），究竟在日本有沒有完結篇呢？

找了一會兒，看到了千面女郎，趕快翻了一下……

還是沒有完結篇！

我只好倖倖然地離開……

「京都漫畫博物館」改造自舊小學校地

一整面的書牆穿越了樓地板，也穿越了時光

穿越時光的書香町家咖啡館

Cafe bibliotic HELLO

美味度：★★★

環境舒適度：★★★★★

明明覺得Cafe bibliotic HELLO應該白天來，但是我還是晚上才來。

唉……實在是因為京都有太多景點、咖啡館、甜點店，七點前就打烊了，因此白天行程極其忙碌，像Cafe bibliotic HELLO，這種營業到半夜十二點的咖啡館，只好委屈一下，讓我晚上才來享受它。

也好，白天有白天的透亮，晚上也有晚上的悠閒。

其實，京都晚上營業到很晚的咖啡館，還不少。晚上泡咖啡館，最大的好處，就是不用忐忑不安，怕來不及去下一個景點，晚上待在咖啡館裡，可以頹廢、可以癱軟，特別是像Cafe bibliotic HELLO這樣的咖啡館。

如果要給這家咖啡館一個主題，我會想到的是「穿越」。

好大的一面書牆，從一樓穿越上二樓，刻意把樓地板與隔間拿掉，只剩梁柱，創造出視線的穿透感；但是梁柱卻又造成小小的阻礙，猶抱琵琶半遮面，讓人更想一探究竟。

書，也是穿越古往今來、穿越地理國界的利器。**Biblotic**，是以文件、筆跡來鑑定的意思，換言之，想要了解世間萬物，看書，是最快也最有效的方法；因此，店主把自己多年的藏書拿出來，歷史的、旅行的、建築的、美術的、室內設計的……，任人自由取閱，隨手一翻，書裡的文字、圖片、影像，便穿進了你我的腦袋。

建築本身，也穿越了百年的時光。百年前的町家建築，躲過了戰火災禍，過去的吳服屋變成了咖啡館，隔了幾年，又再把隔壁另一間町家房屋改成麵包店，兩個店面比鄰而居，外表各自獨立，內部又可穿牆而過。

重要的是，這分穿越感並不沉重。**Cafe bibliotic HELLO**給人的感覺是輕鬆的，你可以點一杯拿鐵，隨便找一

右：沙拉的蔬菜很新鮮
左上：肚子餓了來份鯛魚義大利麵，還算可口
左下：點杯拿鐵或咖啡，就可以泡一整晚

右：刻意保留的梁柱結構，讓穿越感更明顯

左：門口的芭蕉樹是這家店的招牌，可惜晚上看不清楚

個喜歡的角落，拿本書慢慢看；這裡不只是咖啡館，肚子餓了，還可以吃飯。

我和朋友晚上到這兒，一邊聊天一邊吃飯。每日更換的菜單，這天有漢堡排、鯛魚義大利麵與海鮮燉飯三種選擇，搭配沙拉與湯，雖稱不上絕頂美味，倒也還新鮮可口；千圓日幣上下的價位，吃起來也不會有負擔；恰到好處的份量，還能再加點咖啡與自家製的蛋糕，也是一個完整的套餐哩！

這樣的隨興慵懶，容易讓人不知不覺就忘了時間，猛一看錶，已經十點多了！朋友還要趕回大阪，只好依依不捨地向Cafe bibliotic HELLO門口的芭蕉樹說再見。

京都的夜晚，一點都不寂寞。

info

Cafe bibliotic HELLO
官網：http://cafe-hello.jp/
地址：京都市中京區二条柳馬場東入ル晴明町650
電話：075-231-8625
營業時間：11:30-24:00，無休
價格：飲料500至650日圓，自家製蛋糕500日圓，簡餐950至1,300日圓

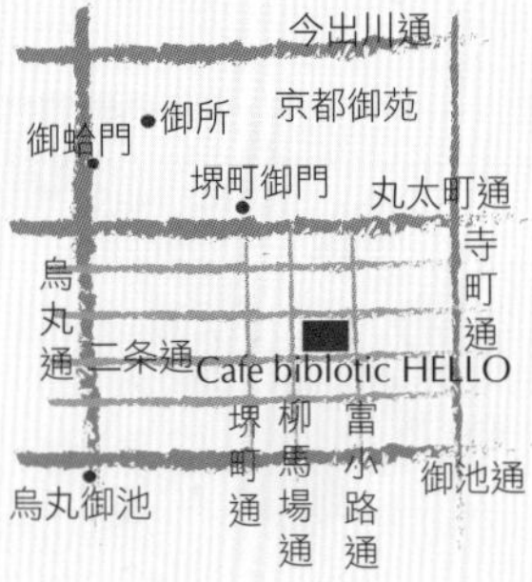

京都御苑三大名櫻

從Cafe bibliotic HELLO往北直走不到10分鐘，就是京都御苑南邊的「堺町御門」，幕末時期所發生的「禁門之變」，打來打去的地點，就是御苑的幾個門口。

其中最著名的是西邊的「御蛤門」，是長州藩與會津藩激烈交戰的地點；NHK大河劇《八重之櫻》描述到這一段故事時，打著「向天皇陳訴藩主冤罪」旗幟的長州藩，朝著御所的「御蛤門」開槍，就像做了大逆不道的事情一樣，表現的就是天皇的神聖，連門口都不可侵犯。

其實天皇所住的「御所」，與御苑周圍的幾個門，還是有段距離。御所的位置比較偏西北，所以由西邊的「御蛤門」、「中立賣御門」，或是北邊的「今出川御門」進入，確實能比較快到達御所，難怪長州藩會選擇在御蛤門交戰，事實上，「御苑」內除了「仙洞御所」是退位天皇的居住地之外，其他都是公家貴族的房舍，一起把御所團團包圍起來。

「御所」只在春秋兩季對外開放（平常要參觀需先申請），但周圍的「御苑」，在明治天皇遷至東京後，已開放為市民可以自由進出的公園，御苑內樹木高聳入天，只有皇家，才得以保有這麼多的古樹。

京都御苑也是著名的賞櫻之地，櫻花主要集中在北邊的「近衛家邸遺跡」一帶，京都御苑有三大名櫻；一棵是「近衛邸遺跡的枝垂櫻」；另一棵是靠近中立賣門的「車返櫻」，因後水尾天皇經過此地時，看到櫻花太美，命人再次返車欣賞，故有此名；最後一棵，當然就是在御所紫宸殿前「左近櫻，右近橘」的那棵「左近櫻」了！

右：紫宸殿前的「左近櫻」，可惜此照片是秋天拍的

左：近衛家遺跡的枝垂櫻，柔美飄逸

到京都，抹茶冰淇淋不可不吃

中村藤吉＆茶寮都路里

美味度：★★★★★
環境舒適度：★★★★★

美味度：★★★★★
環境舒適度：★★★★

中村藤吉本店的抹茶冰淇淋，都用青竹筒為容器

二〇〇九年，美國總統歐巴馬訪問日本時，曾在演說中爆料，指自己六歲與母親同遊鎌倉時，大人忙著觀賞鎌倉大佛，他則忙著吃抹茶冰淇淋；從此以後，歐巴馬三次訪日，日方總不忘以抹茶冰淇淋來招待他，他重遊鎌倉時，還曾在鎌倉留下吃抹茶冰棒的經典畫面。只可惜，歐巴馬去的不是京都宇治，否則他看到平等院參道上，到處都在賣抹茶冰淇淋，一定會更加吃得不亦樂乎。

抹茶冰淇淋是京都最受歡迎的甜點，我卻一直到第三次去京都，才吃了抹茶冰淇淋。那次是經過「茶寮都路里」祇園四条的本店，看到沒人排隊機會真難得，就上去二樓吃個抹茶聖代，沒想到，一吃驚為天人！

我不但對於抹茶冰淇淋那份清甜的苦味，感到驚豔，還對這一杯聖代中，紅豆、水果、糰子、果凍、餅乾、長崎蛋糕……幾乎集合了所有日本人喜愛的甜點，感到訝異，東吃一口西吃一塊，當時茶寮都路里帶給我的震撼難以言喻，光是那次在京都，我就吃了三次不同的抹茶聖代，還怪自己太晚認識抹茶冰淇淋。

由日本發揚光大的抹茶，其實源自於中國宋代。早在遣唐使時，茶與佛教一起傳入了日本，但隋唐時代的「團茶」並沒有在日本造成流行，直到榮西禪師二度造訪南宋，學習到宋代抹茶以石臼磨成粉，將茶粉「加水注點」，再以「茶筅」攪拌後的飲用方法，才開啟日本茶道的基礎。

日本有抹茶、玉露、煎茶，一般最常喝的是煎茶，玉露則屬最高等級的煎茶，兩者製作方式相同，都要先經過蒸青、揉捲、乾燥等程序，但最大的差別，在於做成玉露的新芽，採收前要搭棚架隔絕日曬，以增加其甘甜度，煎茶則免去了搭棚架的辛苦，所以澀味會比較重；至於抹茶，與玉露相同，採收前也要搭棚，但要把茶葉磨碎成粉，所以喝抹茶，等於是把茶葉整個「吃」掉。

茶寮都路里是創業於萬延元年（一八六〇年）的「祇園辻利」所開發的甜點輕食品牌，現今玉露的製法，就是由祇園辻利的創始人辻利右衛門奠定的。在日本常看到很多「辻利」，例如「辻利兵衛本店」、「辻利一」、「北九州小倉辻利茶屋」，其實他們是日本「暖帘分家」的結果；比較特別的是，「暖帘分家」不一定只限自家親戚，

右：茶寮都路里的抹茶聖代比較花俏

左：都路里高台寺店在寧寧之道「京・洛市」內

獲得賞識的得力助手，也有機會成為分家，顯然日本人把技藝與理念的傳承，看得比血緣關係還重要。

其實京都的抹茶冰淇淋，不只茶寮都路里好吃，幾家宇治老茶鋪，如「宇治丸久小山園」、「伊藤久右衛門」、「通圓茶屋」，所做的抹茶冰淇淋也都很好吃，其中最有名的，就是「中村藤吉」了。

對於台灣遊客來說，「中村藤吉」在京都駅二樓的分店確實很方便，但若有機會到宇治走走，不妨到JR宇治駅前的本店。從安政元年（一八五四年）在此創業的中村藤吉，至今仍保留明治時期的茶商屋敷面貌，販售處古趣盎然，中庭內有一棵樹齡二百年的古松，這棵松樹不但往上長，還往兩旁長，得用棚架幫它支撐起來，怪異的姿態宛如一艘船，難怪取名為「舟松」。

中村藤吉的抹茶冰淇淋用青竹筒盛裝，內容物雖不像茶寮都路里那麼花俏，但一樣清香甘苦；不過，也許是後來抹茶冰淇淋吃多了，覺得中村藤吉好吃歸好吃，卻少了第一次的那股震撼感。

不過，中村藤吉的服務讓我印象非常深刻。雖然排隊的人很多，但服務人員唱名時不只叫得很大聲，還會跑到前面販賣部去叫，深怕排隊的客人沒聽到；入座後，服務也很周到，對想坐在戶外區的客人，毛毯、暖爐等禦寒品一應俱全，讓人覺得很窩心。

值得一提的是，中村藤吉本店有一間三百年前元祿時代的茶室「瑞松庵」，平常並不開放，但可預約體驗挽茶與茶席，讓客人親手用石臼磨粉、享用中村藤吉的招牌甜點、品嚐正式茶會中才會喝到的「濃茶」、再喝一般比較常喝到的「薄茶」，想要體驗茶道的朋友，或許可以試一試。

info

茶寮都路里
官網：http://www.giontsujiri.co.jp/saryo/
營業時間：
祇園四条本店：平日 10:00-22:00，假日10:00-22:00
伊勢丹店：平日10:00-20:00，
高台寺店：11:00-18:00，不定休
價格：各式聖代1,000日圓起

中村藤吉
官網：http://www.tokichi.jp/
營業時間：
宇治本店：平日11:00-17:30，假日11:00-18:00
平等院店：平日11:00-17:00，假日11:00-17:30，不定休
京都駅店：11：00-22：00
價格：各式冰品1,000日圓上下

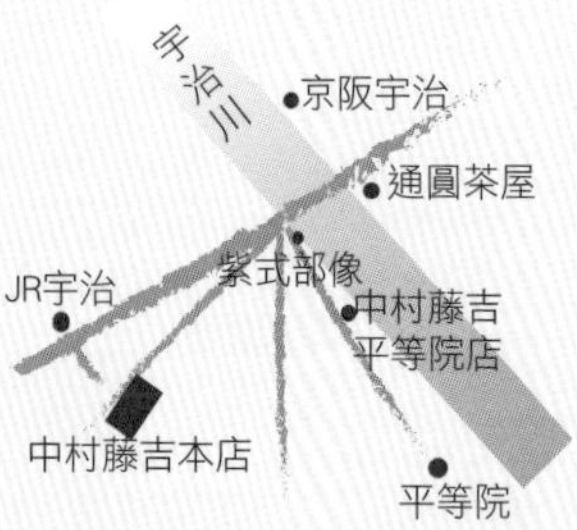

中村藤吉本店的生茶ゼリイ（jelly）頗具人氣

平等院不平等

宇治在京都的南邊，不但是源氏物語最後十帖的舞台，更有象徵極樂世界的「平等院」。

平安時代後期，「末法思想」在貴族間流行，許多貴族相信死後能到極樂世界，在這樣的背景下，勢力龐大的外戚藤原家族中的藤原賴通，改建父親的別墅，打造他心目中所嚮往的極樂淨土，成為平等院的由來。據說當時平等院的規模很大，但幾經災禍，原有的建物已不見蹤影，只留下了「鳳凰堂」；不過，佇立在水中的鳳凰堂，美得如夢似幻，兩側以橋連接陸地，好似引領著人們走進海上的蓬萊仙島。

現在日圓十元硬幣上那形似中國風的樓閣，就是鳳凰堂，鳳凰堂中堂兩側脊沿上，有兩隻金鳳凰，雕工細緻，精美絕倫，模樣被印在日鈔一萬元的紙幣背面，可見其藝術價值。

不過，鳳凰堂內大部分的國寶級文物，都移到了旁邊的「鳳翔館」中，鳳翔館運用現代科技模擬出當年鳳凰堂內華麗的天蓋、52尊手持不同樂器，飛舞在雲端的「雲中菩薩」，如果模擬的情景為真，當年的鳳凰堂，真是華美得無與倫比，不知要耗費了多少人力、物力。根據歷史記載，藤原賴通打造平等院時，京都正在鬧饑荒，但他仍不顧百姓死活，強徵民工、物力，打造平等院；平等院雖名為「平等」，但在古代，階級就是命運，又如何奢談平等？

看完平等院，走向宇治川，這裡有《源氏物語》作者紫式部的雕像；過了宇治橋後的「通圓茶屋」，曾在吉川英治的小說《宮本武藏》中出現，在電影版的《宮本武藏》中，「通圓茶屋」成了武藏的情人阿通，為了等武藏而打工的地點，吸引不少武藏迷前來吃抹茶冰淇淋。

右：平等院的鳳凰堂，象徵極樂淨土

左：宮本武藏的情人阿通在這裡苦候他三年？

大倉飯店的企劃，把一保堂的抹茶、麩嘉的外皮、末富的紅豆餡，一網打盡

一份甜點抹茶，吃進四家百年老店智慧結晶
一之舩入 un café Le Petit Suetomi

美味度：★★★★
環境舒適度：★★★★★

兩家百年企業聯手出擊，所開設的咖啡館，你覺得會是什麼樣子？

是應該採傳統的數寄屋建築、掛名畫骨董，有禪意庭園的日式空間嗎？還是會像星巴克一樣，找最熱鬧、最顯眼的地段，用挑高的空間、大面的落地窗來吸引人？

二〇一二年聖誕節開業的「一之舩入un café Le Petit Suetomi」，是由京都大倉飯店，與和菓子老鋪「末富」，兩家百年企業合作的咖啡館，照理說，他們應該可以用氣派的門面來吸引人，實際上，卻非常低調，而且這間咖啡館的空間，也不大。

但是，卻極有韻味。

先說位置。

雖然在京都大倉飯店的官網，可以看到「一之舩入un café Le Petit Suetomi」的介紹，但它的位置並不在大倉飯店內，從飯店北邊的側門出去，看到粉紅色的大門，上面寫著「史蹟　一之舩入」，不要懷疑，就這樣走進去，裡頭兩家餐廳，都是由大倉飯店經營，左邊那間就是「一之舩入un café Le Petit Suetomi」。

一之船入，「舩」即「舟」，是一號碼頭的意思；在明治時期以前，高瀨川這條人工運河連繫著京都與伏見之間的水路運輸，既然有一號碼頭，當然也有二號碼頭、三號碼頭，但是二之船入、三之船入都沒有保存下來。咖啡館的戶外坐位區，正對著高瀨川「一之船入」，換句話說，等於是在史蹟裡面喝咖啡。

再說名字。

這間咖啡館的名字真是有夠長，但拆解起來，就不難理解。「un」與日文「あん」同音，指的是紅豆餡料；「Suetomi」是和菓子老鋪「末富」的發音，換言之，「un Café Le Petit Suetomi」等於是以末富的祕製紅豆泥為訴求，所打造的一間和菓子咖啡館。

接著說設計。

室內空間雖不大，但在大倉飯店的企劃下，把老鋪末富的形象變得好時尚！末富的LOGO「檜扇」，是出自於大正昭和時期的畫家池田遙邨之手，用於包裝紙的顏色「末富藍」，本來就極美，設計者大膽地把末富藍塗滿一整面牆，「檜扇」反白置於中，再以陳列精品的手法，把末富著名的野菜煎餅、季節生菓子放在玻璃櫃中，桌椅如眾星拱月般，圍繞著這些和菓子。

待者拿了兩個末富藍的紙盒過來，我還想：「怎麼這麼好，竟要送我禮物？」打開一看，才知道那是菜單。

右：一之舩入兩家餐廳都是大倉飯店所經營
左：別誤會，桌上的是菜單不是禮物

當然，最重要的，還是東西好不好吃。

既然叫「un Café」，菜單中當然有各式的紅豆餡的甜點，不過，最下方的「あんのまるまる」格外引起我的注意。菜單的說明，寫著外皮是用京生麩老鋪「麩嘉」所做的麩饅頭，內餡用末富的紅豆泥，經油炸後再灑上黃豆粉；兩大老鋪聯手開發的新甜點，怎能不嚐？

這款甜點，現點現炸，所以要等一會兒，等它端上來時，心裡覺得有一點小失望，因為外表實在不怎麼樣，但咬了一口……

「噗！」內餡的紅豆泥，竟然噴出來了！

都說不能以貌取人了，甜點也是一樣！這「あんのまるまる」，麩皮韌、紅豆泥細、甜味高雅，油炸後熱呼呼的，沾上黃豆粉更香，真是一款創新又好吃的和菓子。

再仔細看，我所點的抹茶，竟然還是創業於一七一七年「一保堂」的抹茶，原來這裡的抹茶、煎茶、ほうじ茶（焙茶），用的都是一保堂的茶！

在「京都大倉飯店」的企劃下，「末富」的甜點、「麩嘉」的麩饅頭、「一保堂」的抹茶，我竟然一下子就吃了四家百年企業的智慧結晶，還坐在京都歷史遺蹟裡。

「一之船入un café Le Petit Suetomi」，再冗長的名字也要記下來，這樣的下午茶，怎能教人不心動？

入口的畫，象徵一之舩入過去水運發達

大倉酒店把「末富」的形象改造得很時尚

info

一之舩入un café Le Petit Suetomi
官網：http://okura.kyotohotel.co.jp/
地址：京都市中京區河原町通二条下る一之舩入町384，やさか河原町大樓1F
TEL：075-211-5100
營業時間：10:30-20:00，無休
價格：あんのまるまる（2個）756日圓，一保堂抹茶1,080日圓

高瀨川的古往與今來

高瀨川是在江戶初期的京都豪商角倉了以，所開闢的一條人工運河，走到「一之舩入」與高瀨川的交會處，還可以看到河床中停著一艘「高瀨舟」，上面載著好幾樽酒甕，象徵在琵琶湖疏水道完工以前，這條運河一直肩負著京都與伏見之間的水運命脈。

「高瀨舟」既能載酒，當然也能載人。

與夏目漱石齊名的小說家森鷗外，其著名的作品《高瀨舟》，寫的就是江戶時代的京都罪犯，被判刑流放外島時，要搭船沿高瀨川離開，由官差押送到外島的背景。

但是現在的高瀨川，只有「一之舩入」一艘象徵性的高瀨舟；沒有高瀨舟往來的高瀨川，有一年在河床上設置了許多裝置藝術，當時覺得，京都人對於營造親水空間真是有巧思，這次去京都，想到高瀨川邊，再看看會不會多了其他作品？沒想到，高瀨川水面清澈依舊，但是，河床上空空如也。

不過，高瀨川兩側的木屋町通，人潮熙攘，歡樂無限，高瀨川的櫻，也依然嬌美如昔。

右：高瀨川上曾放置裝置藝術，如今已不在

左：高瀨川上唯一的一艘高瀨舟

分秒必爭的舒芙蕾
六盛茶庭

美味度：★★★★
環境舒適度：★★★★

「快點！隨便拍一拍啦！不然要塌了！」香噴噴的舒芙蕾一端來，老公在旁邊緊張地催我動作快一點，吵得我差點沒對好焦，吃東西前要先拍照，是現代人的惡習，我嘀咕著：「早知道就多點一個給你吃！」

舒芙蕾，容易塌陷、膨鬆得像在吃空氣，這種法式甜點的起源眾說紛紜，最普遍的一種說法是，十八世紀的法國上流社會，一場餐會往往要準備十幾、二十道餐點，吃到最後，賓客根本吃不下，因此廚師想盡辦法用蛋白做出這種吃起來很空虛的甜點。因此有人認為，舒芙蕾隱含著廚師的抗議精神，希望矯正當時奢靡的壞風氣；但是我寧可相信，那是廚師對吃不下的客人又想要吃甜點時，所表現出來的體貼心意，否則幹嘛要做那麼麻煩、又很容易失敗的舒芙蕾？

「六盛茶庭」的舒芙蕾在京都頗負盛名，有香草、巧克力、乳酪、南瓜、藍莓等不同的口味，我點的是

「六盛茶庭」與本店只差一個轉角

六盛茶庭的舒芙蕾，長得像顆大香菇

最普遍的香草口味，一端上桌，馬上就被它煞到！這舒芙蕾長得比別人家的高，而且頭大杯小，狀似蕈菇，吃過那麼多舒芙蕾，就屬六盛茶庭的長得最標緻，難怪許多人到京都，必定指名要來吃這裡的舒芙蕾。

「六盛」其實是創業於明治三十二年（一八九九年）的京料理老鋪，原本是一家經營外送料理的「仕出屋」，之所以會賣起舒芙蕾，是因為六盛先代店主晚年吃到這種法式甜點，驚為天人，因此把原來做為婚宴的場地，改為洋式建築，成為京都最早的舒芙蕾專賣店，所以吃料理的「六盛」，與吃舒芙蕾的「六盛茶庭」距離很近，位置只差一個轉角。

六盛另一個出名的是「手をけ弁當」，這個用木桶做的弁當，是二代店主堀場吉一在經過京都著名的木桶老鋪「たる源」時，看到「たる源」用木桶來裝冷豆腐，當下讓堀場吉一產生靈感，特別委託「たる源」幫他製作可以手提的木桶便當盒。但是該如何擺放菜餚，才不會在外送時晃得亂七八糟？這問題讓堀場吉一傷透腦筋，幾經試驗後，才想出中間放置青竹筒固定的形式，既可區隔菜餚，又賞心悅目，不過，現在想吃六盛木桶弁當的人，都到店裡來吃，所以當年的青竹筒，已改成了現在的青色磁碗。

右：著名的木桶便當有註冊商標
左：六盛本店外觀很有架勢

我曾經去吃過六盛的「手をけ弁當」，由「たる源」所打造的木桶，平滑細緻確實很精美，不愧是出自於人間國寶的名店（「たる源」的二代店主中川清司，是有「人間國寶」封號的木工藝家，但六盛的木桶，是先代中川龜一所設計）。如今六盛還把「手をけ弁當」註冊商標，別人不能輕易模仿，足見日本對於傳統技藝是多麼地重視。

但是我之所以把六盛以舒芙蕾放在這個章節，沒有放在前面的A級美食，是因為六盛還有另一種料理，是我很想吃，但至今還沒吃過的「創作平安王朝料理」。

「平安王朝料理」是以日本最古老的料理形式「大饗料理」為樣式，對日本飲食史有深刻研究的原田信男，在《和食與日本文化》中指出，古代社會階級嚴明，大饗料理依出席者身分也分成四個等級，上座的正客，通常是皇族，其次是官階高於三位以上的陪席公卿，第三是小納言等身分不高但參與重要政務的官員，最後才是舉辦這場盛宴的東道主。菜單內容，放在最前面的是米飯和醬、鹽、醋、酒四種調味料，此外還有生物、乾物、唐菓子、木菓子，吃法不像懷石料理是一道一道慢慢上，而是把所有東西擺在平面上，有點像是現在的韓式定食。

六盛花了五年的時間，考據了許多史料，在平安遷都一千二百年紀念時，再現了平安王朝時代的料理，我看六盛官網上的照片，確實與原田信男書中所述的料理形式有點像，或許下次去京都，可以預約來吃吃看，至於好不好吃，那就是另外一回事了。

京都雖是千年古都，對於傳統文化的保留不遺餘力，但自古以來看慣了各地敬獻的特產珍寶，對於新鮮事務的接受度很高；又做舒芙蕾又做古代料理的「六盛」，就是具體展現這種個性的一家店。

內部的裝潢新穎又有和風氣息

info

六盛茶庭
官網：http://www.rokusei.co.jp/
地址：京都市左京區岡崎西天王町60
電話：075-751-2866
營業時間：11:3019:00，週一休，每月另選一日週二休
價格：舒芙蕾＋飲料1,260日圓

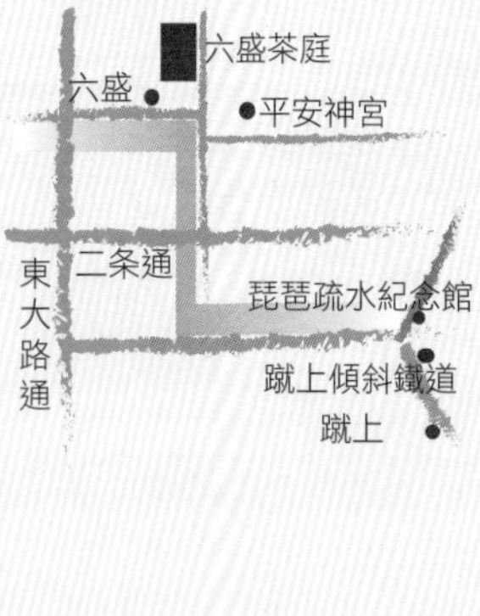

飯後散散步

琵琶湖疏水道，帶領京都走入現代生活

走到六盛茶庭前，你必會為水道兩側的景色吸引，春天粉櫻、夏天新綠，到了秋天，櫻葉轉成紅色，相信再過不久，樹葉就要落盡了吧？

這一條水道，就是琵琶湖疏水道，雖然它不似京都古剎總招來善男信女祈願，但卻實實在在地帶領京都市民走入現代化的生活。

琵琶湖疏水道，是京都第一個現代化水利工程，從日本最大的湖泊琵琶湖取水，在1890年及1912年完工的兩條水道，不但有農業灌溉、民生用水之責，還一度具有水運交通的任務，連結琵琶湖、京都、伏見、宇治。現在水運功能已被陸運取代，但櫻花季節，在琵琶湖疏水紀念館前還是可以坐十石舟，遙想當年情景。

琵琶湖疏水道也是日本第一個運用水力發電的工程，早期發電的電力被運用於京都電車，地鐵「蹴上」站旁有一段廢棄的舊鐵道被保留了下來，一到春天形成美麗的櫻花鐵道，吸引不少鐵道迷。

京都最迷人的地方就是水，人工的運河、天然的河川，每一條都風光秀麗、水質清澈，想看一個城市的文明程度如何？只消到水岸邊望一眼，就知道了。

右：琵琶湖疏水紀念館前櫻花盛開，吸引新人來拍照

左：六盛前的琵琶疏水道，秋天景色亦美

Menu

另類泡湯新享受
大原山莊足湯 Café

美味度：★★
環境舒適度：★★★

眼睛看著鄉間山色，口中喝著熱騰騰的咖啡，腳下泡著熱呼呼的溫泉，這樣是不是很享受？

日本的溫泉鄉常常有足湯讓遊客免費泡腳，走了一天下來，小腿痠、腳掌脹，泡一下腳確實很舒服；但大多數的足湯得與陌生人緊靠在一起，不能吃東西也不能喝東西，克難一點從便利店買瓶飲料，邊泡邊喝，勉強稱得上愜意，但如果這時，能有一杯剛煮好的咖啡，簡直是人生一大快事！

京都北邊的大原，就有一家足湯Café，能夠滿足這個願望。這家足湯Café是大原溫泉民宿「大原山莊」附設的咖啡館。往「寂光院」的方向走，就會看到大原山莊，前方有一棟小屋，是大原山莊所經營的「寂光窯」，寂光窯一側闢出來做咖啡館，桌子下特地做了足湯池，成了具有特色的足湯Café，所以喝完足湯咖啡，也可以到旁邊的寂光窯，體驗手繪陶杯的樂趣。

邊喝咖啡邊泡腳，人生一大享受

坦白說，足湯Café只有幾張桌子，飲料設備都很簡單，稱不上設計也不算美味，但是勝在半露天而坐，又置身於山野鄉間，前往寂光院的途中看到它，覺得這樣喝咖啡真是人生一大享受，當下就決定回程時要來這裡喝杯東西。

果然，邊喝咖啡邊泡腳，舒服得讓人不想起身；京都旅行最大的痛苦，就是天天走到雙腿痠痛，睡一覺起來覺得不痛了，到了中午卻又開始發作，且發作時間一天比一天早，能有這樣的足湯Café，讓人在旅途

右上：大原山莊足湯咖啡的果汁，是100%的新鮮果汁

右下：足湯Café是大原山莊的附屬設施

左：喝完足湯咖啡可來玩一下手繪

中鬆一鬆、恢復戰力，又豈能不與大家分享！

京都還有另外一個人氣足湯，是在嵐電（京福電鐵）嵐山駅裡面，雖然邊看電車邊泡腳也很有趣，但是要付費，也沒有咖啡喝，而且遊完嵐山想來這裡泡腳時，人多得要命，簡直像在洗蘿蔔！

嚴格來說，京都雖然山明水秀，溫泉資源卻不算豐富。京都的溫泉分散在北邊與西邊郊區。往北的方向，除了大原有幾間溫泉民宿，另一處則是位於鞍馬的「峰麓湯」。

峰麓湯在叡山電鐵「鞍馬線」的鞍馬駅，下車後走十分鐘即可到達。峰麓湯也有食、宿設施，但比較簡單，它的露天溫泉，可說是京都最具開放感的露天溫泉，京都溫泉本就不多，有露天風呂的旅館，多半圍牆高築，著實太煞風景！但峰麓湯群山環繞，視野開放，輕微白濁的硫磺泉，氣味不重，對喜歡泡露天溫泉的人來說，峰麓湯是京都泡湯的最佳選擇。

西邊的溫泉有兩處，一處是嵐山，另一處是龜岡的湯之花溫泉；這兩地多是高級的溫泉旅館，但除非是住宿的客人，溫泉設施多不對外開放。嵐山白天遊人如織，但晚上清幽安靜，龜岡的湯之花溫泉，離龜岡站有段距離，但溫泉旅館對於住宿客人多有接送服務，所以不用擔心交通問題。

不過，對於想泡溫泉又不想花大錢住高級旅館的遊客來說，近年嵐山開了一間「風風の湯」，就在阪急嵐山駅與中之島公園之間，是京都少數可以只泡湯的日帰り溫泉，雖有半露天溫泉，但可惜沒有景觀，是美中不足之處。

一堆人泡足湯，像不像洗蘿蔔？

info

大原山莊足湯Cafe
官網：http://www.ohara-sansou.com/foot.htm
地址：京都府京都市左京區大原草生町17
營業時間：9:00-17:00，不定休
價格：咖啡、果汁720日圓

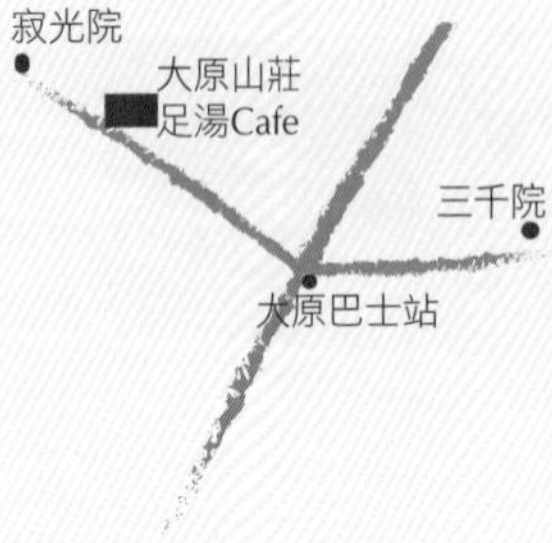

右：嵐山駅的足湯，頗具人氣
左：近年才開業的「風風の湯」，是嵐山少有的日帰り溫泉

右：寂光院也是大原的賞楓名所

左：三千院很容易拍出色彩鮮麗的樹剪影

三千院、寂光院，楓紅似火

大原自古以來就是貴族出家隱居之地，充滿山林鄉野氣息，是洛北的遊覽勝地；從大原巴士站下車後，往右是「三千院」，往左是「寂光院」，兩地都是大原最著名的賞楓名所，11月下旬，楓紅似火。

當然，做為天台宗五箇室門跡的三千院，名氣更大，因此往三千院的這一條路，遊人如織，土產店雲集；其中路邊有一間漬物店「土井志ば漬本鋪」，以紫蘇做的漬物聞名全日本。

三千院賞楓的最佳處，是在「往生極樂院」與「宸殿」之間，地上青苔鮮綠，杉木高聳入天，秋天強烈陽光穿透了紅葉，拍起照來常變成特殊的剪影效果，形成三千院紅葉的代表風景。

往左邊的「寂光院」，沿途則充滿田園風光，農舍野花，悠閒自得，而道路盡頭的寂光院，曾經是從雲端落入地獄的女子「建禮門院」隱居之所。

建禮門院出家之前叫德子，是平清盛的女兒，平清盛野心勃勃，雖已位極人臣，仍千方百計把女兒德子嫁給高倉天皇當皇后。在武家地位尚未得到重視的年代，平清盛此舉猶如石破天驚，未來皇室血統等於是平家血脈，德子的肚子當然也爭氣，產下一子成為後來的安德天皇。

但隨著平清盛去世，平家勢力由盛轉衰，在壇之浦戰役中，平家全軍覆沒，所有人決定跳海自殺，年僅8歲的安德天皇也被抱著一起沉入海底；沒想到德子被救起，雖然身為皇后，但平家敗亡、愛子離世，她只能出家為建禮門院，在寂光寺度過餘生。

Menu

神隱少女與羅馬浴場，你喜歡哪種澡堂咖啡？

さらさ西陣 & 嵯峨野湯

美味度：★★★
環境舒適度：★★★★

美味度：★★★★
環境舒適度：★★★★★

你喜歡宮崎駿《神隱少女》裡那間「唐破風」屋頂的澡堂，還是阿部寬的《羅馬浴場》裡，那間白色透亮的錢湯？

不用猶豫無法抉擇，去一趟京都，可以讓你把《神隱少女》與《羅馬浴場》裡，兩種風格不同的澡堂，一次泡個夠，只不過，不是泡「湯」，而是泡咖啡、泡茶！

錢湯，即付費的公共浴池，從平安時代末期已出現在京都，最早是為寺院的僧侶洗澡所設，禪宗僧侶將入浴視為修行的一部分，甚至以嚴格的禮法來訂定入浴的細節；京都建仁寺內就有一座在寬永五年（一六二八年）的浴室。過去寺院會將浴室開放給民眾免費入浴，停止開放後，民間開始出現付費的公共浴池，隨著現代住宅中每個家庭都有衛浴設備，錢湯已逐漸消失，取而代之的，是豪華的大浴場或三溫暖。

不過，京都還是保留了不少具有古早味的錢湯，特別是散步在西陣地區時，就看到好幾間錢湯，但錢湯的水質屬天然溫泉的不多，大多都是自來水，有些還會加溫泉粉，所以抱

「さらさ西陣」很有神隱少女裡奇幻澡堂「油屋」的Fu

著想泡溫泉的人去泡錢湯，可能會失望。

不約而同，京都有兩家從錢湯改造的咖啡館，一間是位於西陣的「さらさ（sa-ra-sa）西陣」，另一間則是位於嵐山的「嵯峨野湯」。

喜歡《神隱少女》裡「油屋」澡堂的人，請務必來這裡喝杯咖啡，雖然吉卜力工作室表示，油屋的造型主要是參考松山的「道後溫泉」，但「さらさ西陣」的前身「藤森湯」，與道後溫泉有著類似的「唐破風」屋頂樣式，看到這棟古老的木屋，許多人還是聯想起千尋打工的油屋。

「さらさ西陣」令人印象深刻的是磁磚；當初建造「藤森湯」的老闆，對這種表面呈凹凸花紋的義大利彩陶磁磚（majolica）一見鍾情，以綠色為主調，用了許多圖案各異的拼花磁磚，只不過，早期這種磁磚的釉，含有鉛的成分，現在已被禁止使用，因此部分相同圖案的磁磚顏色出現差異，大概是改建時，怎麼配也配不出同樣顏色的磁磚吧！

「さらさ西陣」是西陣地區的超人氣咖啡館，很多外國人都跑來這裡，因此菜單不只咖啡，從前菜到正餐，和、洋食種類豐富，本來只打算喝咖啡的我，還多點了一份炸雞，雖然味道很普通，但是份量驚人，難怪吸引不少外國人。

另一間位於嵐山的「嵯峨野湯」雖然也是錢湯改建的咖啡館，但氣氛與「さらさ西陣」完全不同；嵯峨野湯在二〇〇六年八月才由錢湯改建為茶寮，入口與二樓兼賣各種雜貨，

右：綠色的義大利彩陶磁傳，是「さらさ西陣」內部的特色

左：建仁寺保留著江戶時代僧侶用的浴室

洋溢著現代的文創氣息，如果不是刻意保留下來的洗手台、水龍頭、浴槽，還差一點看不出來這是錢湯改造的咖啡館呢！雖然「嵯峨野湯」貼出室內空間禁止攝影的告示，但還是很多人拿出手機拍照。

電影《羅馬浴場》裡，阿部寬第一次來到現代那間有著富士山壁畫的錢湯，其實是位於東京的「稻荷湯」，雖然嵯峨野湯並沒有那面富士山壁畫，卻有一面小牆，是以馬塞克拼貼的燈塔海岸，室內同樣以白色為主調、淺藍色的磁磚，與電影中的明亮風格很類似，讓人聯想起，還沒改建前的嵯峨野湯，是不是也是稻荷湯那種模樣？

嵯峨野湯的菜單也很豐富，各式飲料、冰品、麵、飯一應俱全，更有人氣的是現烤鬆餅，我點了一份季節限定的鬆餅，上面有一片櫻葉，把豆沙與鮮奶油拌上去，配著碗裝的拿鐵一起喝，溫暖厚實，真是絕配！

不管是「さらさ西陣」還是「嵯峨野湯」，都有一個挑高的天井，想必是原來做為錢湯的時代，避免讓客人泡澡時感到壓迫而有的設計。由於錢湯包含入口櫃台、脫衣場、泡澡區，所以改造為咖啡館後，室內空間自然形成很多不同的區塊。

挑一個你最喜愛的空間，舒舒服服地泡泡茶、泡泡咖啡吧！

嵯峨野湯建物內縮，一不留意就會錯過

info

さらさ西陣
官網：http://cafe-sarasa.com/shop_nishijin/
地址：京都市北區紫野東藤ノ森町11-1
電話：075-432-5075
營業時間：12:00-23:00，週三休
價格：各式咖啡500至550日圓，單品料理600至800日圓

嵯峨野湯
官網：http://www.sagano-yu.com/
地址：京都市右京嵯峨天龍寺今堀町4-3
電話：075-882-8985
營業時間：11:00-19:30，不定休
價格：鬆餅（單片）依口味不同550至700日圓，附飲料依種類加210至360日圓

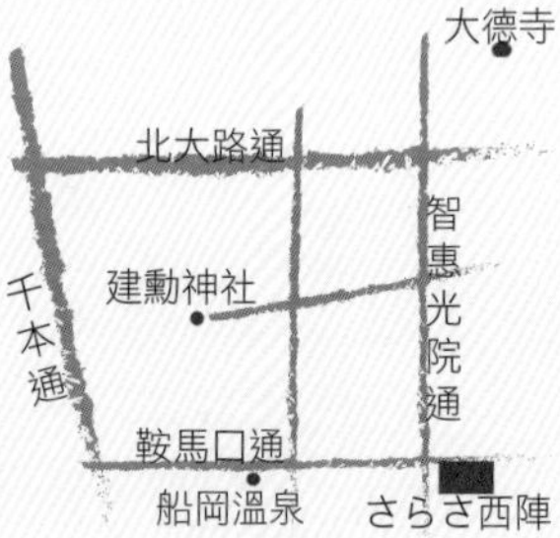

錢湯之王，船岡溫泉

錢湯咖啡是嘴巴在泡湯，如果真的想要泡一次錢湯，「さらさ西陣」所在的船岡溫泉街，有一間「船岡溫泉」，長得和「さらさ西陣」很像，外觀是相同的唐破風屋頂的木造建築，內部也有風格類似的綠色彩磚，只不過，船岡溫泉與「さらさ西陣」剛好相反，在大正時期，它曾是料理旅館「船岡樓」，後來才改成船岡溫泉。

不過，船岡溫泉內部比「さらさ西陣」更加華麗；船岡溫泉的老闆非常喜愛庭石，因此不管是早期的「船岡樓」或是後來改建的船岡溫泉，在建築上都費了一番工夫。脫衣場的天花板上有鞍馬天狗的浮雕，欄格的木雕以上海事變為題材，移築過去「菊水橋」為欄杆，還有檜木打造的浴池，最棒的是，這裡還有半露天的風呂，船岡溫泉不但被指定為文化財，還有「錢湯之王」的封號。

右：船岡溫泉也有一個唐破風屋頂

左：嵯峨觀光小火車很熱門，雙號座位景色較好

坐嵯峨觀光小火車的小撇步

嵐山的嵯峨觀光小火車非常熱門，想坐小火車一定得先預約車票，如果臨時想坐才跑去車站，有空席的機率很低。

預約途徑有二：

一、JR西日本車站內的綠色窗口皆可預約；所以抵達京都時，若已確定哪一天要去坐小火車，可先在京都車站預約。

二、嵯峨觀光小火車各站亦可預約；對於當天才決定要坐小火車的人，建議坐JR到嵐山站後，先到隔壁的トロッコ嵯峨站去預約當日的車票，中間空檔不妨去「嵯峨野湯」喝杯咖啡。

車票分去程與回程，如果嫌去、回都坐小火車有點無聊，可以去程坐小火車，回程在龜岡站，坐保津川遊覽船順游而下回到嵐山，但船程時間至少二小時。

小火車行經保津川峽谷，一邊是山壁，一邊視野較寬，從嵐山到龜岡，初時山壁在雙號側，後來就變成在單號側，雖然單、雙都有機會看到風景，但是雙號側有風景的時間比較長，所以選位時，最好選雙號座位。

有《鴨川荷爾摩》Fu的咖啡館
Bon Bon Café

美味度：★★
環境舒適度：★★★

找家能對著鴨川發呆的咖啡館，是遊京都必做之事

日本作家萬城目學一直是我心目中的「瞎掰之王」，比起正經八百的純文學，萬城目學的作品極盡瞎掰之能事，把歷史典故融入後，掰得極具風土色彩，又掰得超有趣；他的關西三部曲，《鹿男》掰奈良，《豐臣公主》掰大阪，最早的《鴨川荷爾摩》，掰的則是京都。

《鴨川荷爾摩》描述的是京都大學驅鬼社團「青龍會」的故事，故事中的主角安倍參加社團、搞分裂的動機，也不過是為了談戀愛、對情敵看不順眼，比起《鹿男》與《豐臣公主》，把主角設定為京大學生的《鴨川荷爾摩》，更顯得青春無限。

遊京都，浪漫情事之一，便是要對著鴨川發會兒呆。

鴨川畔有幾家咖啡館，都可以滿足這個願望，但是最有《鴨川荷爾摩》fu的，要屬在鴨川三角洲旁邊的Bon Bon Café了！

鴨川三角洲，是京都東邊賀茂川與高野川，呈Y字型交會中間的一塊陸地，上面就是古代原始森林「糺之森」。在《鴨川

右上：鴨川三角洲，兩條河在此匯流成鴨川

右下：寬敞明亮的室內空間，兼具酒吧與咖啡館的氛圍

左：法國吐司熱量驚人

荷爾摩》中，安倍顯露出想加入「青龍會」心意的場景，被設定在鴨川三角洲，便是藉由這塊中世紀常成為戰場的地點，暗示接下來會出現貫穿整部作品的驅鬼戰役。

連結鴨川三角洲與河岸兩邊陸地的飛び石（踏腳石），有的做成烏龜，有的是千鳥的形狀，坐在Bon Bon Café的窗邊，剛好可以看到大人小孩正在玩「跳烏龜」的遊戲。

Bon Bon Café的建築前身是棟舊銀行，所以空間很大，但是所有的人都集中坐在可以眺望鴨川的那一塊獨立空間，很多人從鴨川走過來，看到這間咖啡館位置如此得天獨厚，都想馬上開門鑽進去，這才發現那只是落地窗，不是門，害得店家要在落地窗前立一個牌子，劃個箭頭，表示門口在旁邊。

我之所以會覺得Bon Bon Café很有《鴨川賀爾摩》Fu，是因為它雖然很寬敞明亮，卻有一種說不出的怪異，但又不是讓人討厭的那種。整個空間以白色為基調貫穿其間，卻像是拼湊出來的，有點像酒吧，又像咖啡館；不怎麼乾淨的地板，讓我想起電影《鴨川賀爾摩》中的京大學生宿舍。總之，這裡氣氛就是很學生。

當然，價格也是學生負擔得起的消費。只在下午三點到五點供應的法國吐司加上飲料，只要六百二十日圓，但是熱量驚人；另外點了一杯草莓白巧克力牛奶，很有創意的組合，還蠻好喝的。菜單種類什麼都有，飲料、甜點、飯、麵、輕食，還賣酒，吸引很多學生與外國人，不過，坦白說，這樣的咖啡館，賣的不是美味，賣的是鴨川。

當我坐在Bon Bon Café，完成我「對著鴨川發會兒呆」的心願時，隔壁一桌來了兩個男大生，兩個人不計熱量，一人點了一份法式吐司，也不交談說話，只默默地在吃。

我懷疑，他們會不會也是「青龍會」的成員？

info

Bon Bon Cafe

地址：京都市上京區河原町今出川東入加茂大橋西詰
電話：075-213-8686
營業時間：11:00-23:00，無休
價格：法國吐司＋飲料620日圓，草莓白巧克力牛奶460日圓

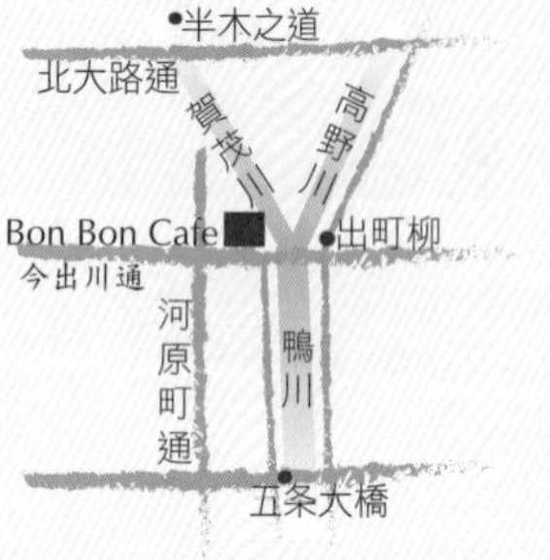

右：即使立了牌子，還是有很多人誤會從這兒進去

左：草莓白巧克力牛奶，還蠻好喝的

鴨川的風物詩

雖然從鴨川三角洲以下的河流，才稱為鴨川，但是談鴨川的美景，不能不提春天的「半木之道」。

半木之道是賀茂川沿岸，靠近京都府立植物園的這一側；有一回坐公車行經北大路通，看到半木之道的紅枝垂櫻盛開，二話不說，立刻跳下車，鑽進這條粉紅色的櫻花隧道。半木之道花期較晚，約在4月中下旬，在花季末稍還能見到如此旖旎的風景，令人心醉。

進入夏季，從二条到五条間的鴨川西側餐廳，在5月到9月會搭起納涼床，讓客人在納涼床用餐，但7、8月太熱，納涼床敵不過毒太陽，怕客人中暑，所以只有晚上才開放，想要白天坐在納涼床欣賞鴨川美景，只能選擇5月與9月。

鴨川納涼床始於豐臣秀吉的時代，戰亂之後，豐臣秀吉將京都進行大規模的城市改造，在鴨川上建了三条大橋，成為東海道西邊的起點，三条大橋西側開始聚集供應旅人食宿的旅籠、茶館、土產店，熱鬧非凡，店家因此設置了參觀座位，成為納涼床的起源。

不過，我去京都時，不是4月看櫻花，便是11月賞楓葉，因此從沒在炎熱的夏天吃過川床料理。但是，從先斗町的門口看到川床料理，價錢起碼要上萬日幣，有些還規定坐納涼床要另外收費，顯然，想要成為京都夏季的代表性風景，代價並不便宜。

繼續向南走，行至五条大橋，便想起牛若丸與弁慶在此相會比武的故事，只不過，今之五条大橋，已非昔之五条大橋，因為在豐臣秀吉改造京都時移了位；當年的五条應該是北邊的松原通，現在的五条大橋是昭和年間所建，但是欄杆上的裝飾如寶珠，依然很有京都的風味。

五条大橋旁的「扇塚」，引起我的注意，看了一下旁邊的說明，才知道這裡還有另一首平家悲歌；這裡以前是寺廟「御影堂」，平家大敗後，平敦盛戰亡，其妻便在此出家為尼，整日製作扇子悼念亡夫，後來附近就聚集了許多扇子店，成為京都扇子店發源地。

鴨川已成京都最重要的休閒地之一

附錄

只花一小時，買足十大老鋪伴手禮

京都老鋪散居各地，想帶回台灣當作伴手禮，不用再跑來跑去，京都車站旁的伊勢丹百貨地下一樓，許多老鋪在此設櫃，只要花一小時，就能輕鬆把京都風味帶回家。

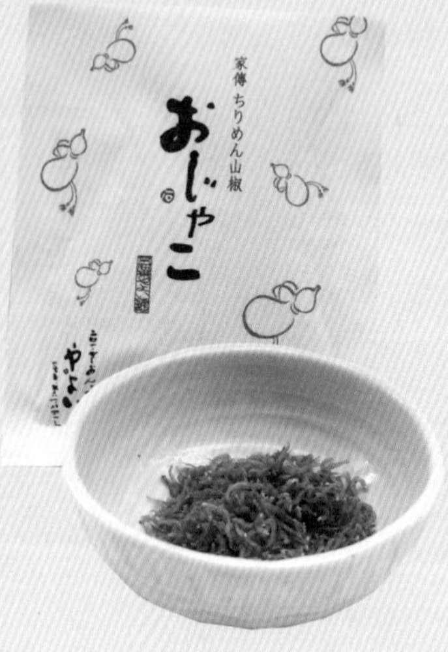

やよい

山椒小魚
80克，630日圓

山椒小魚，是京都人家裡的常備小菜，只要有這道菜，就能吃掉一碗白飯。

昭和57年（1982年）創業的やよい，深受京都人喜愛，它的山椒小魚（ちりめん山椒）甘中帶辛、色白味香，綠色的實山椒，入口香氣通鼻，確實是佐飯良伴。

八百三

柚味噌
130克，881日圓

寶永5年（1708年）創業的八百三，本店掛著北大路魯山人親筆所題的招牌，像是宣告品質的保證。從創業開始到大正年間，八百三的柚味噌，一直是皇宮御用品，知恩院等寺院的精進料理，也少不了它，一子相傳的獨特製法，所做出來的柚味噌香味濃郁，味道偏甜，做為燉煮蘿蔔的沾醬，或當果醬塗麵包，都非常適宜。

本店賣的柚味噌，柚子罐的造型很可愛，但伊勢丹只有木盒裝，比較方便帶上飛機。

MALEBRANCHE

茶の菓
5枚入，648日圓

MALEBRANCHE（マールブランシュ）是北山著名的洋菓子店，如果嫌名字太長很難記，只要找大大的M字型LOGO就對了！

マールブランシュ的茶の菓，是用濃茶做的餅乾，裡面夾著一層白巧克力，又香又甜，餅乾造型典雅，每一片餅乾上，分別烙印「京」、「茶」、「菓」，不同的文字，展現出趣味，是不論大人小孩都會喜歡的甜點。

宇治丸久小山園

抹茶（春かすみ，20克，1,458日圓）
玉露（藤浪，100克，1,620日圓）

創業於元祿年間（17世紀末）的宇治丸久小山園，原本專注於種茶、製茶，後來才創立品牌。從昭和年間開始，在全國茶品評會、關西茶品評會，多年蟬聯「農林大臣賞」第一名，是日本茶道宗家指定用的品牌。

不管是抹茶、玉露、煎茶，宇治丸久小園把等級分得很細，價格差距也很大，另有一些季節性的茶品，可依預算來選購。

土井志ば漬
土井の生志ば漬
135克，525日圓

本店位於大原的土井志ば漬，是京都著名的漬物老鋪，創業一百一十年來，最著名的是「土井の生志ば漬」，用大原生產的紫蘇葉與茄子，不加任何人工化學調味料，僅利用鹽、依照傳統古法利用天然乳酸發酵而成的，深獲好評，成為許多人到京都指名購買的京漬物。

滿月
阿闍梨餅
10個入，1,188日圓

創業於江戶末期的「滿月」，本店靠近出町柳，但是在京都很多地方都可以買到，光是京都車站內就有好幾個櫃位，但每一家都大排長龍，可見是超高人氣的伴手禮。

滿月的阿闍梨餅，外表看似平凡無奇，有點像銅鑼燒，內餡一樣是紅豆泥，但是外皮口感和銅鑼燒完全不一樣，不但有彈性，而且有韌勁，是很特別的口感，難怪會如此受歡迎。

七味家
七味粉
15克，432日圓

創業三百五十年的七味家本鋪，是清水寺最著名的調味料老鋪，所出品的七味粉，顏色與氣味與台灣常見的七味粉不太一樣。台灣常見到的七味粉，通常是紅色的粉末，但七味家的七味粉，卻是綠褐色的。

所謂的七味，是指紅辣椒、山椒、黑芝麻、白芝麻、紫蘇、青海苔、麻仁，山椒的香氣非常明顯，如果喜歡山椒的香氣，可以買一包帶回台灣。

俵屋吉富

雲龍、白雲龍
半個700日圓

創業於寶曆5年（1755年）的俵屋吉富，最具有代表性的和菓子，就是雲龍了！很多人以為俵屋吉富的雲龍，是取材於嵐山天龍寺，由狩野探幽所畫的雲龍，其實並非如此，事實上是取材自相國寺的雲龍。
傳統的雲龍是以紅豆沙做成，但也有白豆沙做成的白雲龍，兩種雲龍口感都很實，味道也比較甜，適合配茶來吃。

綠壽庵清水

金平糖
小袋550日圓

在京都，一提到金平糖，許多人想到的就是綠壽庵清水的金平糖，因為綠壽庵清水的金平糖全程皆以手工製成，以糯米粒為心，加入少量白糖做成的糖漿，至少需要花十天的時間不停地以人工翻炒，直到外表形成星星狀的小果粒為止，非常耗時費工。
綠壽庵清水的金平糖，有許多不同的水果口味，但味道都很清甜，買來做為伴手禮，既美麗又可愛，收到禮物的人想必也會很開心。

龜屋良永

御池煎餅
22枚罐裝，1,350日圓

創業於天保3年（1832年）的龜屋良永，本店在御池通與寺町通交口，古樸典雅的店面，非常有氣質，如果沒有機會到本店，京都車站一樓與伊勢丹地下一樓，都有賣龜屋良永最著名的御池煎餅。
御池煎餅完全顛覆了我過去對煎餅的印象，不但顏色非常白，口感膨鬆得像是在吃空氣，甜味非常清淡，完全表現出京都的淡雅，煎餅表面上有著淺咖啡色的烙紋，還真的有點像龜殼呢！

國家圖書館出版品預行編目資料

京都美食ABC／吳燕玲著；初版. -- 臺北市
商周出版：城邦文化發行，2014.08
面； 公分

ISBN 978-986-272-616-7（平裝）

1.餐飲業 2.日本京都市
483.8 103011792

商周其他系列 BO0207

京都美食ABC

作者／吳燕玲
企劃選書／簡翊茹
責任編輯／簡翊茹
版權／黃淑敏
行銷業務／莊英傑、周佑潔、王瑜

總 編 輯　陳美靜
總 經 理　彭之琬
發 行 人　何飛鵬
法律顧問　台英國際商務法律事務所
出　　版　商周出版　臺北市中山區民生東路二段141號9樓
電話：(02)2500-7008　傳真：(02)2500-7759
E-mail：bwp.service@cite.com.tw
發　　行　英屬蓋曼群島商家庭傳媒股份有限公司　城邦分公司
台北市104民生東路二段141號2樓
電話：(02)2500-0888　傳真：(02)2500-1938
讀者服務專線：0800-020-299　24小時傳真服務：(02)2517-0999
讀者服務信箱：service@readingclub.com.tw
劃撥帳號：19833503
戶名：英屬蓋曼群島商家庭傳媒股份有限公司城邦分公司
香港發行所　城邦(香港)出版集團有限公司
香港灣仔駱克道193號東超商業中心1樓
電話：(825)2508-6231　傳真：(852)2578-9337
E-mail：hkcite@biznetvigator.com
馬新發行所　城邦(馬新)出版集團
Cite (M) Sdn Bhd
41, Jalan Radin Anum, Bandar Baru Sri Petaling,
57000 Kuala Lumpur, Malaysia.
電話：(603)9057-8822　傳真：(603)9057-6622　email: cite@cite.com.my

封面設計、內頁排版／吳怡嫺
印　　刷／鴻霖印刷傳媒股份有限公司
總 經 銷／聯合發行股份有限公司　地址：新北市231新店區寶橋路235巷6弄6號2樓
電話：(02) 2917-8022　傳真：(02) 2911-0053
行政院新聞局北市業字第913號

2014年08月05日初版1刷
2019年07月19日二版6.5刷
Printed in Taiwan

定價／330元

ISBN 978-986-272-616-7